0-7岁
聪明宝宝餐

萨巴蒂娜◎主编

U0350606

中国轻工业出版社

卷首语
非常重要的 0~7 岁

0~7岁，每个人生涯中非常重要的一段岁月，身体一边成长，一边认识这个复杂而美好的世界。

我虽已四十有余，但儿时的记忆在我的脑海里永远是鲜艳的、明快的。

我记得在田野里奔跑，满脸的汗珠，回家大口大口喝着清凉的水，妈妈做的简单的饭食，我吃得格外香甜。

我记得早晨赌气不吃饭，在课堂里肚子饿得咕咕叫，同校的妹妹来找我，递给我半个花卷。

我记得考试得了第一名，爸爸奖励我，给我买了一块昂贵的小蛋糕。

我记得姥姥带我去采蘑菇，然后做蘑菇炸酱给我吃。雨后的草地那么翠绿，风是如此温柔。

我记得姑姑给我炒的草鸡蛋，炒出来的油都是黄黄的，就着大饼吃，吃得我肚子圆滚滚。

很庆幸儿时的我营养充分，打下了良好的身体基础，让我在以后的岁月里，能披荆斩棘、无所畏惧。

所以我们认真准备了这本书。这本书是给家长们看的，希望你们在头疼怎么给孩子做饭的时候，能有一些参考和依据。

带着美好期望和祝福的

高欣茹

萨巴蒂娜
个人公众订阅号

萨巴小传：本名高欣茹。萨巴蒂娜是当时出道写美食书时用的笔名。曾主编过五十多本畅销美食图书，出版过小说《厨子的故事》，美食散文集《美味关系》。现任"萨巴厨房"主编。

敬请关注萨巴新浪微博 www.weibo.com/sabadina

目 录
CONTENTS

计量单位对照表

1 茶匙固体材料 =5 克　　1 茶匙液体材料 =5 毫升

1 汤匙固体材料 =15 克　　1 汤匙液体材料 =15 毫升

初步了解全书… 8

0 ~ 1 岁宝宝辅食添加必备常识 … 9

1 ~ 3 岁幼儿合理膳食建议 … 13

4 ~ 7 岁学龄前儿童合理膳食建议 … 14

经验之谈 … 16

第一章　　6 ~ 8 个月 泥、糊状食物

小米汤
20

黑米糊
21

玉米糊
22

土豆泥
23

胡萝卜泥
24

豌豆泥
25

油菜泥
26

西葫芦泥
27

蛇果泥
28

蓝莓桑葚泥
29

圣女果糊
30

鸡肝泥
31

紫薯肉泥
32

牛肉茄泥
33

胡萝卜豌豆牛肉糊
34

红薯米粉糊
35

菠菜蛋黄泥
36

红枣山药泥
38

南瓜燕麦糊
40

第二章　9 ~ 12个月 半固体、固体食物

胡萝卜瘦肉粥
42

芦笋鳕鱼碎碎面
43

鸡肉西蓝花面条
44

青菜番茄面片汤
45

紫薯山药糕
46

胡萝卜拌红薯
47

银耳百合雪梨羹
48

肉末秋葵
49

三丁拌猪肝
50

豌豆肉末软饭
51

香甜玉米饼
52

菌香牛肉饼
53

水果绿豆沙
54

肝泥蒸糕
55

牛奶蛋羹
56

香菇豆腐饼
58

时蔬豆腐羹
60

黄瓜蒸鹌鹑蛋
62

麻酱豇豆丁
63

双椒炒蛋
64

虾仁胡萝卜饼
66

鸡丁豆腐干
67

胡萝卜肉饼
68

肉末土豆丸子
70

豆角猪肝焖饭
72

鸡肉豆腐丸子
73

马蹄银耳汤
74

银鱼煎饼
75

快手豆腐脑
76

三彩鸡丝
78

南瓜肉松三明治
80

圆白菜肉卷
82

肉末芥蓝
83

西葫芦鸡蛋饼
84

口蘑西蓝花
85

燕麦菠菜鱼丸
86

南瓜核桃饼
88

蛋皮寿司卷
90

地软素菜盒
92

豆沙玉米饼
94

海米蒸冬瓜
95

鸡蛋素蒸饺
96

五彩烧芋头
98

粉丝菠菜
100

菠菜肉饼
102

肉丸鹌鹑蛋
103

胡萝卜烧排骨
104

糯米蒸排骨
105

菜花熘猪肝
106

菠萝鳕鱼丁
107

杂菌三文鱼柳
108

海苔鲈鱼卷
110

杏仁蛤蜊蒸蛋
112

双菇烧豆腐
114

芋头鲜果豆腐丁
116

番茄豆腐汤
118

意面水果沙拉
119

酱油鸡肉炒饭
120

茄汁鹰嘴豆
122

香菇焖饭
123

香芋红烧肉糙米饭
124

牛肉炒意面
126

翡翠饺子
128

坚果南瓜饼
130

海鲜山药饼
132

培根土豆沙拉
134

时蔬焗土豆泥
136

椰蓉双薯条
138

虾皮拌空心菜 +
小米粥
140

黑椒烤土豆 +
凉拌莴笋丝
142

彩椒杏鲍菇 +
红枣米糊
144

双耳炒丝瓜 +
五谷豆浆
146

茄汁排骨 +
水果拼盘
148

孜然羊肉 +
红豆米饭
150

香菇鸭肝 +
酸奶苹果
152

坚果牛柳 +
蔬菜沙拉
154

板栗牛腩 +
雪梨汁
156

黑椒芦笋鸡丝 +
红薯米饭
158

糖醋鸡翅根 +
坚果蜜桃片
160

鸡腿黑米卷 +
草莓火龙果汁
162

藜麦金枪鱼饭团 +
苹果橙汁
164

西芹三文鱼意面 +
牛油果奶昔
166

海鲜盖浇饭 +
绿豆汤
168

五彩小笼包 +
薏米粥
170

蛤蜊蒸饺 +
玉米糙粥
172

浓汤蝴蝶面 +
香烤杏鲍菇
174

八宝拌面 +
胡萝卜苹果汁
176

肉松寿司 +
香蕉牛奶汁
178

五彩丝煎饼卷 +
紫菜蛋花汤
180

鱼丸豆腐汤 +
香脆吐司条
182

豆腐肉蛋卷 +
南瓜粥
184

豆皮包子 +
五香花生米
186

肉桂苹果烤燕麦 +
蜂蜜番茄
188

初步了解全书

看着名字
宝宝就爱吃

时间、难易度
清楚明了

详尽直观的操作步骤
让妈妈简单上手

"小魔头"品尝美
食也是有情怀的

需要用到的食材
一目了然，要打有
准备之仗

营养贴士让你
吃出健康

烹饪秘籍，助妈妈一臂之力

为了确保菜谱的可操作性，

本书的每一道菜都经过我们试做、试吃，并且是现场烹饪后直接拍摄的。

本书每道食谱都有步骤图、烹饪秘籍、烹饪难度和烹饪时间等指引，确保你照着图书一步步
操作便可以做出好吃的菜肴。但是具体用量和火候的把握也需要你经验的累积。

0~1岁

宝宝辅食添加必备常识

辅食添加的时间

世界卫生组织建议，纯母乳喂养6个月后，可逐步添加辅助食品。6个月后母乳仍是婴儿的主要食物，但随着婴儿消化系统的成熟及乳牙的萌出，对食物的种类和数量都有了更高的要求，这个时候就可以给婴儿添加辅食了。

对于那些因为各种原因不能纯母乳喂养而选择配方奶喂养或混合喂养的婴儿，他们对辅食的接受度更高，可以根据需要提前到4个月时添加。

当然，究竟什么时候给自己的宝宝添加辅食，并不是一个固定不变的时间，每个婴儿的生长发育都不尽相同，新手爸妈要根据宝宝的具体情况来调节辅食添加的时间，但最早不宜早于4个月，最晚不宜晚于8个月。

婴儿期的辅食应单独制作，并确保食材的新鲜、制作工具和容器的干净卫生。1岁以内婴儿的辅食要做到无盐、无调味品。

辅食添加的顺序

食物种类的多样性确保了人体的健康，婴儿的辅食添加也应确保食物的多样性。但婴儿对各种食物的接受有一个过程，所以在添加辅食的时候要遵循由少至多、由软至硬、由细至粗的原则。粗略地分，辅食添加的顺序是：淀粉（谷物）—蔬菜—水果—动物类食物，其中，对每种食物又有详细的划分：

1 谷物类首选含铁的米粉。婴儿最先发育的消化酶是淀粉酶，再加上6个月时婴儿体内储备的铁元素也已经基本消耗殆尽，且母乳中铁元素含量很少，所以婴儿的第一口辅食应从强化铁元素的米粉开始。

2 蔬菜类添加的顺序应该是先添加根茎类蔬菜，比如土豆、胡萝卜、南瓜等，再添加茎叶类蔬菜，比如菠菜、油菜、白菜等。

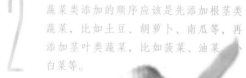

3 水果之所以要放在蔬菜之后，是因为大部分水果是甜的，而人类天生就对甜味敏感，太早添加甜味的水果，会影响婴儿的味觉，在水果之后再添加没有味道的蔬菜等食物就有可能发生被孩子拒绝的情况。

4 动物性食物添加的顺序应该是：肉类—蛋黄—水（海）产。肉类以红肉为主，如猪肉、牛肉、羊肉及动物肝脏、血液等，都富含血红素铁，是优良的补铁食物。

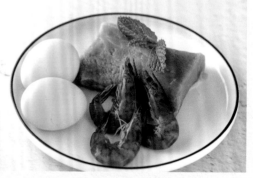

辅食添加误区

蛋黄并不是最适合婴儿的第一口辅食

由于传统观念的影响，很多人，特别是老年人，往往会选择蛋黄作为婴儿的第一口辅食。但蛋黄内的胆固醇含量比较高，且婴儿的脂肪消化酶是在淀粉消化酶之后才发育的，所以第一口辅食选择蛋黄并不是一个科学的选择。

宝宝初添加辅食时，必须确保辅食质地细腻、易于吞咽。手动研磨器多为 PP（聚丙烯）材质，轻便且易于携带，再加上年龄小的宝宝食量也不大，使用研磨器的时候根据宝宝的食量吃多少研磨多少，非常方便。除了单独的研磨器，还有研磨套装可以选择，套装里面一般会有多个大小不同的研磨板，不过因为研磨器的使用时间并不会特别长，所以选购单独的研磨器一般就足够用了。

1 研磨器

滤网除了可以过滤液体，也可以将相对粗糙的食物泥过滤成更细腻的泥状，更方便宝宝吞咽。在选购时，挑选手柄款的会比较易于操作，滤网部分的直径应以匹配家中最常使用的过滤容器为宜。滤网的目数越大，滤网孔径越小，日常使用选择 30 ～ 60 目的就可以了。

2 滤网

常见的料理机一般会配备多个杯体，可以实现切碎、榨汁、干磨、搅拌等功能。料理机又分为台式和手持式的，台式机的稳定性更好，手持式的便携性更好。在工作时随着电机的转动，整个料理机会出现不同频率的震动，在挑选台式料理机时可以选择底部有吸盘固定的款式，在使用时稳定性会更高。

3 料理机

破壁机是破壁料理机的简称，是拥有超高转速的料理机，通常转速达到 22000 转 / 分钟以上的料理机就可以称为破壁机了。因为转速更高，经过破壁机研磨的食物颗粒会更细腻，更适合低龄宝宝食用。可加热的破壁机可以轻松制作米糊、豆浆等，省去了用锅加热煮沸的步骤，更适合如今快节奏的生活。

4 破壁机

5 捣碎器

6 擦丝器

7 压泥器

　　捣碎器可以将质地柔软的食物捣成泥状，常见的有不锈钢、木质、瓷质、石材等材质的，相对来说，不锈钢和木质的使用起来更轻便，也更好清洗。要注意的是，木质的容器在水洗后一定要完全晾干再收纳。

　　擦丝器应该是每个家庭最常见的厨房小工具之一，有固定式的，也有可换刀片式的，用起来都非常方便，价格也很便宜。如果家里还没有，那添了宝宝后就赶紧购买一个吧。

　　压泥器可以用来压碎各种薯类，常见的有孔状的和条状的。从操作性来说，孔状的出泥效率更高一些，也有个别产品会将两种方式结合以提高出泥效率。

8 磨泥器

　　磨泥器可以说是研磨器和擦丝器的结合体，可以轻松地将生的固体食物研磨成泥状，利于后续的烹饪程序。

10 手动打蛋器

　　小煮锅直径小，用来给宝宝煮熟少量食物最合适不过。中式的小奶锅、日式的雪平锅都是非常不错的选择，挑选锅体直径 15 ~ 18 厘米、有导流槽的单柄锅，不仅易操作，也能提高其在家庭里的使用率，不会因为宝宝长大就闲置了。

9 小煮锅

　　手动打蛋器不仅可以更快、更均匀地打散蛋液，让烹饪出来的鸡蛋口感更好，还可以用于制作面糊等食材。挑选时要注意查看搅拌头的钢丝数量，数量越多，搅拌的效率越高。

幼儿合理膳食建议

1. 1岁以上的幼儿食物中可加入少许盐调味，每日盐摄入量为一两克，制作食物时应遵循少油、少盐、少调味剂的原则。

关于儿童酱油的误区：酱油可以为食物增色及调味，但并不存在儿童酱油的分类，宣称补充营养的儿童酱油其宣传噱头大于实际意义。

2. 烹调食物应采用蒸、煮、炖等方式，最大限度地保留食物的原味和营养，不要用煎、炸、熏等方式。

此外，蔬菜应洗净后再切，需要焯水的蔬菜在焯水后再切，可减少蔬菜中的维生素流失；水果应在吃的时候再削皮，防止氧化及维生素流失。

3. 母乳和其他乳制品的摄入占比应逐渐少于三餐，有条件的前提下可坚持母乳喂养到2岁，每日饮食安排可遵循三餐两点心的原则，每两餐之间可添加水果、奶制品、饼干、豆制品等作为点心。

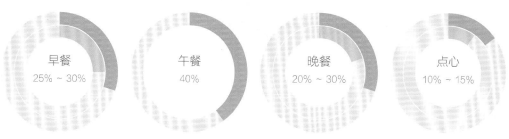

| 早餐 | 午餐 | 晚餐 | 点心 |
| 25%～30% | 40% | 20%～30% | 10%～15% |

三餐及点心在每日饮食中所占比例

4. 断奶后仍应保证每日500毫升的奶摄入量，也可以选择其他乳制品，如牛奶、酸奶、奶酪等作为优质蛋白质和钙质的来源。

要区别酸奶和含乳饮料，学会查看产品配料表，也可以购买乳酸菌自制酸奶。

5. 食物不能过分追求精细，太精细的食物不利于乳牙的萌出，导致牙齿发育迟缓。

6. 养成良好的进餐习惯。这个年龄段的幼儿容易出现不爱吃蔬菜的情况，可以通过改变蔬菜的形状和烹饪方法，尽可能变换花样来慢慢引导幼儿多吃蔬菜。

比如把菜做成馅料、磨成泥、跟其他食物搭配、用果蔬做好看的拼盘等。

学龄前儿童合理膳食建议

1. 学龄前儿童每日活动量加大，是生长发育的高速期，这时候的三餐要做到食物多样、膳食合理、营养均衡。

2. 每日的主食应以谷物为主，谷类食物是碳水化合物和 B 族维生素的主要来源，同时再添加一种薯类，粗细搭配，保证膳食纤维的摄入量。

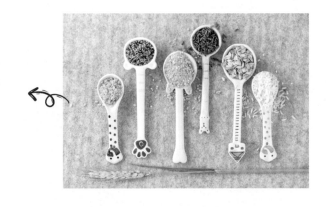

3. 每日保证 200 克蔬菜的摄入量，蔬菜的颜色也应丰富多样，并选择一种深色蔬菜，深色蔬菜中的胡萝卜素、维生素 C、花青素、核黄素都要高于浅色蔬菜，营养价值更高。

4. 每日仍需保证乳制品摄入，并常吃豆制品。乳制品是优质蛋白质及钙类来源，豆制品也是蛋白质的优良来源，并富含不饱和脂肪酸及维生素。学龄前儿童对蛋白质和钙的需求很高，每日要保证足够的摄入。

豆制品应选择大豆类，如黄豆、黑豆和青豆，大豆类富含蛋白质、钙类、脂肪及 B 族维生素；而绿豆、红豆、豌豆等则属于杂豆类，淀粉含量比较高，属于杂粮，可以作为主食。

5. 不能用水果替代蔬菜。水果和蔬菜所含的营养成分并不相同，单一的水果或蔬菜都不能满足人体的营养需求，两者合理搭配才能满足人体所需。

6. 这个阶段的幼儿已经开始了集体生活，家长应培养孩子良好的生活和卫生习惯，锻炼其自主吃饭、使用餐具、收拾餐桌的能力。

7. 为食物增加更多的趣味性。这个年龄段的孩子好奇心更强，可以通过对食物造型的创新、别致的摆盘、可爱的餐具等来激发孩子进食的乐趣。

日常烹饪时可以借助一些小工具：饭团模具、果蔬切花模具、卡通餐具、便当盒等。

1. 6～9个月是宝宝接受辅食的敏感期，要把握好这个时间，如果错过了，让孩子再接受辅食就会出现一定程度的困难。

2. 第一次给宝宝尝试辅食的时候，最好在宝宝心情好、不困也不饿的时候。时间安排在上午，如果宝宝有过敏现象，白天比较容易观察到。第一次喂辅食时，可以先给宝宝喝一点奶，再吃半勺到一勺辅食，开始宝宝可能会吃得比较少，添加过辅食之后再喝奶，直到吃饱。以后逐渐增加到能够整餐辅食吃饱。宝宝辅食的营养质量比吃了多少辅食更重要。

3. 建立固定的时间与地点吃辅食、喝奶。养成规律的生活习惯对宝宝更有好处。开始的时候，宝宝也许在固定的时间并不想吃东西，不要太强求，慢慢培养几个月后，自然而然就能规律进食了。

4. 在宝宝想要自主进食的敏感期，要给宝宝合适的手指食物让宝宝自主进食。将食物切成小块，让宝宝可以轻而易举拿起来吃。手指食物能锻炼宝宝手、眼、嘴的协调能力，促进手指的精细运动发展，帮助宝宝掌握进食的速度，学会咀嚼食物。千万不要因为怕宝宝弄得一塌糊涂就错过了这个阶段。开始的时候可以用勺喂和手指食物相结合，既保证了营养摄入，又锻炼了自主进食。

5. 可以与宝宝一起进餐，因为观察和模仿是一个重要的学习方式。当宝宝成功将食物送入嘴里时，多表扬和鼓励。保护宝宝的积极性和自信心。宝宝学习一个新的动作，比如吞咽、咀嚼、使用勺子等，都是需要练习的，给宝宝时间，慢慢来，不要着急。

6 　宝宝进食时，尽量营造出轻松愉快的气氛，给予孩子充分的自由进行摸索和感知各类食物。多给宝宝手指食物，让宝宝自己研究吃哪个、吃多少，以及吃的速度。对于练习自主进食的孩子，难免会在餐桌、地面和衣服上沾满食物，要允许这样的脏乱。虽然收拾起来很辛苦，但是坚持几个月能换来宝宝独立吃饭的能力，还是值得的。以后到了幼儿园，宝宝能自己好好吃饭，爸爸妈妈该多放心啊。

7 　孩子挑食是常见现象，新手爸妈不要过于担心，这是孩子成长过程中的一个正常阶段。无论怎么做宝宝都不吃的食物可以过一阵再添加，不要强迫宝宝吃不喜欢的食物。只要营养均衡，一两个不爱吃的食物并不是不可取代的。父母只需要做到不断提供丰富的食物给孩子就好。

8 新手爸妈也不要过于紧张辅食的制作，现在很多研究证明，添加辅食不必遵循太多条条框框，或者特定的顺序。但是由于宝宝的消化和免疫系统的发育还在逐步完善过程中，任何食物都可能造成消化不良和过敏，所以安全起见，添加的辅食从不容易过敏的食物开始，慢慢增加种类。

9 0 ~ 3岁的宝宝虽然关注点基本是围绕着吃喝拉撒睡，但是具体到每个阶段，关注点都不一样。6个月前比较关注吃奶和睡眠。7 ~ 12个月是添加辅食的问题。长牙期间还会哭闹，影响睡眠、吃饭。1岁以后是吃饭、沟通、语言发育。两三岁除了饮食、运动，还会关注孩子的心理发育、性格养成等。所以从添加辅食开始，就要给宝宝养成好的饮食习惯，把身体吃得棒棒的，至少在吃饭方面给新手爸妈省一半心。

10 做好宝宝的喂养记录，方便追溯。以后也是一份温暖的回忆。

第一章

6～8个月
泥、糊状食物

宝宝的第一口辅食

小米汤

🕐 40分钟　🍴 简单

🍅 金黄的小米粥浓稠、细腻，有天然的清香，且富含营养，对于首次尝试辅食的宝宝来说，是一种性质温和、易于消化的食物。

主料

小米50克

营养贴士

小米作为五谷之一，除了富含碳水化合物外，还含有丰富的维生素、蛋白质和脂肪，营养价值比较高，熬粥后带有特殊的香气，宝宝比较容易接受。

做法

1 小米洗净。

2 锅内加入小米重量15～20倍的水，水开时下入小米，大火煮10分钟后转小火继续煮20～30分钟。

3 将煮好的米汤用过滤网筛过滤掉小米。

烹饪秘籍

1 小米颗粒小，淘米时使劲揉搓会导致营养流失，可以将小米放入滤网中用流动的水冲洗一下即可。

2 在小米刚下入锅内时用汤勺搅拌一下，可以有效防止煳锅。

営养丰富的黑色食物

黑米糊

⏱ 60分钟　🍴 简单

🍠 对于刚刚接触辅食的宝宝来说，食物除了要有可口的味道，醒目的颜色也是吸引宝宝进餐的有效法宝。搭配黑米糊时可以选择白色的碗和餐具，用强烈的对比来吸引宝宝的注意力。

主料

黑米45克，糯米30克

营养贴士

黑米不仅富含蛋白质和碳水化合物，还含有多种维生素及微量元素，黑米的黑色来自花青素，其营养比大米要高出很多。

做法

1 黑米、糯米分别淘净后，倒入1升水，浸泡2小时。

2 将浸泡好的米和水倒入锅内。

3 大火煮开后转小火煮50分钟，煮成黑米粥。

4 待煮好的黑米粥冷却至温热状态后，取适量加入破壁机，打成均匀的米糊即可。

烹饪秘籍

1 黑米没有经过精加工，所以口感较粗，有嚼劲，用来煮粥的时候应提前浸泡，让黑米充分吸收水分。
2 煮粥时要将浸泡的水和米一同煮，这样可以保留其中的营养成分。

第一章　6~8个月　泥、糊状食物

玉米糊

🕐 30分钟　📖 简单

🥔 玉米天然的香气和甜味非常浓郁，再加上金黄的颜色，能够从视觉和嗅觉两方面吸引宝宝的注意力。对于已经可以独立坐起来的宝宝，不妨放开手，让他们自己尝试着用勺子来吃吧！

主料

玉米1根

营养贴士

作为一种主食，玉米的营养成分比较全面，含有人体所需的蛋白质、脂肪、糖类这三大营养物质，且富含维生素和膳食纤维，有助于宝宝消化。

做法

1　新鲜玉米去皮后，剥去根须。

2　将玉米粒剥下。

3　锅里放入玉米粒，加入没过玉米粒的水，大火煮开后再煮10分钟。

4　待煮好的玉米粒冷却至温热后，将玉米粒和煮好的汤水一起倒入料理机，搅打均匀。

5　用过滤网过滤掉玉米糊中较大的玉米楂即可。

烹饪秘籍

市面上出售的鲜玉米有甜玉米和糯玉米两种，糯玉米淀粉含量较高、口感较硬、甜度低。用来给宝宝做玉米糊时尽量选择甜玉米，除了口味香甜外，水分含量也较大，做出的玉米糊适口性较好。

增加能量

土豆泥

🕐 50 分钟 ☐ 简单

🥔 土豆的适口性很好，没有特殊的味道，对于刚开始添加辅食的宝宝可以选择单纯的土豆泥，而对于月龄再大些、接受食物种类更多的宝宝，可以选择在土豆泥中添加肉汤、菜汤等来丰富口感。

主料

土豆150克

营养贴士

土豆富含淀粉、蛋白质及膳食纤维，蒸熟的土豆口感绵软，很容易压成泥状，非常适合宝宝食用。

做法

1 土豆洗净后去皮。

2 将土豆先切成片，再切成2厘米左右的丁。

3 将土豆丁放入烧开的蒸锅内蒸20分钟。

4 将蒸好的土豆用勺子压成泥状并过筛。

5 在过筛后的土豆泥中加入温水，调成均匀的糊状，可用薄荷叶点缀。

烹饪秘籍

土豆在温暖的季节里容易出芽，为了防止土豆发芽，可以将土豆在阴凉通风处先晾上几天，再将土豆一层层放入纸箱中，每层土豆间可以撒些细土，并在箱子里放上一两个青苹果，这样便可以有效预防土豆发芽了。

小白兔的最爱

胡萝卜泥

🕐 20分钟 🍴 简单

🥕 6~12个月是宝宝视力发育的"色彩期"。这个时期，宝宝会对颜色鲜艳的事物比较敏感，在辅食的选择上也可以遵循这个原则，挑选一些色彩鲜艳的食材来为宝宝制作辅食。胡萝卜就是一个很好的选择。

主料

胡萝卜100克，橄榄油1/2茶匙

营养贴士

胡萝卜富含胡萝卜素，进入人体后会转变成维生素A，而维生素A又是骨骼发育所必需的营养素，所以适量吃些胡萝卜对婴儿的生长发育有着积极作用。

做法

1 胡萝卜洗净后切成1厘米左右的小丁。

2 锅里加入足量的水，烧开后加入胡萝卜丁，并加入橄榄油。

3 煮5分钟后捞出。

4 将煮好的胡萝卜丁用勺子压成泥状。

5 将压好的胡萝卜泥过筛成细腻的胡萝卜泥。

烹饪秘籍

胡萝卜素是一种脂溶性维生素，所以在煮胡萝卜的时候加入一些油脂，有助于对胡萝卜素的吸收。

小豌豆大作用

豌豆泥

🕐 20分钟　🍴 简单

🍅 对于这个月龄的宝宝，在逐渐丰富食物种类的同时，也要尽可能丰富食物的颜色，同时在喂食宝宝的时候也可以搭配颜色鲜艳、形状各异的餐具。

主料
豌豆100克

营养贴士

鲜豌豆中富含维生素C和膳食纤维，能够有效帮助肠道蠕动，起到通便的作用。在宝宝开始接触辅食后，可以选择富含膳食纤维的食物来帮助宝宝消化。

做法

1 将豌豆从豆荚中剥出，洗净，沥干水分。

2 锅内加入足量的水，烧开后下入豌豆煮10分钟。

3 将煮好的豌豆捞出后放入破壁机，并加入1汤匙煮豌豆的汤水。

4 开启破壁机，将豌豆打成细腻的泥状即可。

烹饪秘籍

1 要选择新鲜、饱满、颜色翠绿的豆荚，这样的豌豆成熟度适中，适合给宝宝做豌豆泥。
2 从豆荚中剥出的豌豆一般会带着豆荚内的白色内膜，可以用清水浸泡，并用双手揉搓一下，白色的内膜就能轻松除去了。

第一章　6～8个月　泥、糊状食物

25

油菜泥

🕐 20分钟　☐ 简单

🥬 在给宝宝每日添加的辅食中，都应保证蔬菜的摄入量。油菜泥制作起来非常简便，可以单独给宝宝喂食，也可以添加到米粉、稀饭等其他辅食中。

主料
油菜100克

营养贴士

油菜是一种常见的青菜，营养丰富，没有特殊的气味，适口性比较好，其中的膳食纤维能够帮助宝宝消化。

做法

1 油菜去根后洗净。

2 锅内加入足量的水烧开。

3 将油菜下入锅内煮1分钟。

4 将煮好的油菜捞出，沥干水分，过筛成细腻的菜泥。

烹饪秘籍

油菜的茎部膳食纤维较多，过筛时会残留比较长的纤维，所以在挑选时应尽量选择比较嫩的油菜，或者直接选用油菜心来制作。

清香的纯蔬菜泥

西葫芦泥

🕐 30 分钟　🍴 简单

🥔 最质朴的食物，来自土地、阳光和水的诚恳合作。淡淡的清香，令宝宝快乐地享受其中。蒸菜泥真的是宝宝能爱上的口味，一定要试试。

主料
西葫芦50克

营养贴士

西葫芦富含水分和多种维生素，还含有丰富的膳食纤维，有助于调节宝宝的肠道健康。

做法

1 西葫芦洗净表面。

2 将西葫芦切成块。

3 将西葫芦块放入蒸锅中蒸熟。

4 取出西葫芦块，用料理棒或辅食机做成细腻的泥。

烹饪秘籍

西葫芦泥清淡细腻，没有怪味，宝宝单独吃也可以接受。也可以加入婴儿米粉糊拌匀给宝宝吃。

🍓 蛇果颜色鲜艳，能够吸引宝宝的注意力，且蛇果质地较软，气味芳香，对于首次接触水果的宝宝来说是比较适宜的选择。在喂食的时候，不妨在宝宝面前放上一个洗干净的蛇果，边吃边给宝宝讲一个关于苹果的故事吧！

香甜可口

蛇果泥

🕐 10分钟　合 简单

主料
蛇果半个

营养贴士

蛇果富含果糖、葡萄糖、多种维生素及矿物质，特别是果胶和钾含量很高，维生素C含量高于普通苹果，抗氧化活性成分也是苹果中最高的，是宝宝比较容易接受的水果。

做法

1 蛇果洗净后擦干表皮的水分。

2 将蛇果对半切开，用小刀剔出果核。

3 用锋利的茶匙顺着一个方向在蛇果表面刮下果泥，喂给宝宝即可。

烹饪秘籍

蛇果绵软，非常适合用勺子刮成果泥直接给宝宝喂食。但因为蛇果非常易氧化，所以不要提前将果泥刮下，每次边吃边刮就可以了。

蓝莓桑葚泥

🕐 15分钟　👐 简单

🫐 蓝莓和桑葚的营养丰富极
了，打成果泥后酸酸甜甜，和米
粉一起拌着吃，一定会让宝宝胃
口大开。小心不要掉在宝宝衣服
上哦，不然洗衣服要费点力气了。

主料

蓝莓30克，桑葚20克，婴儿米粉5克

营养贴士

蓝莓富含花青素，能够缓解
眼疲劳，保护宝宝的视力。
维生素也非常丰富，经常给
宝宝食用能够增强免疫力。

做法

1 蓝莓、桑葚择洗干净。

2 将蓝莓、桑葚放入清
水中浸泡20分钟。

3 捞出蓝莓、桑葚，彻
底擦干水分。

4 将蓝莓、桑葚、婴儿
米粉放入料理机，搅打
成细腻的果泥即可，可
用薄荷叶点缀。

烹饪秘籍

加点婴儿米粉进去一起打成水果泥，可以让果泥
混合得更均匀，防止出现分层。

圣女果学名樱桃番茄，口感酸甜，汁水丰富，既可以当蔬菜、也可以当水果，它的体积小、重量轻，对于低龄的宝宝来说，一个番茄的量远远大于他们的食量，用番茄制作辅食难免会有浪费，所以不妨用圣女果来解决这个问题吧。

酸酸甜甜

圣女果糊

🕐 20 分钟　　👐 简单

主料

圣女果100克

做法

1　圣女果去蒂并洗净。

2　锅内加入足量的水烧开。

3　将圣女果下入锅内，煮1分钟后捞出。

4　待圣女果冷却后将皮剥去。

5　将圣女果对半切开，用茶匙剔除子。

6　用勺子将果肉碾碎后过筛成细腻的果泥。

烹饪秘籍

用小刀在圣女果表面轻轻划出十字后再煮，就可以轻松剥下果皮了。圣女果内的子比较小，为了防止宝宝呛到，在制作时可以把子剔除。

鸡肝泥

🕐 25分钟　☐ 简单

🥔 动物的内脏和血液是优质的铁元素来源，而肝脏相对于其他内脏口感更好，也更易于制作成泥糊状。

主料

鸡肝150克

营养贴士

相比其他动物肝脏，鸡肝的口感比较细腻，且含有丰富的蛋白质、维生素及矿物质，其中铁元素的含量很高。6个月以上的宝宝已经耗尽了从母体中带来的铁元素，这个时候需要额外补充铁元素才能满足宝宝的生长发育。

做法

1 鸡肝洗净后切成小丁。

2 放入烧开水的蒸锅中蒸15分钟。

3 将蒸熟的鸡肝丁放入破壁机，加入少许温水。

4 搅打至细腻的泥状即可。

烹饪秘籍

挑选鸡肝的时候要格外注意，新鲜鸡肝的颜色是暗红色的，按压鸡肝表面能感受到明显的弹性，且鸡肝的中间和边缘部位都应是湿润的，闻起来有比较浓的肉香。

第一章　6~8个月　泥、糊状食物

每次说起紫色的食物，脑海中第一个出现的就是紫薯。紫薯漂亮的颜色和特殊的香气能够刺激宝宝食欲。紫色的薯泥装在碗里就像画家手中的颜料，而手握勺子的宝宝就是家里最有创意的小画家！

漂亮的紫色

紫薯肉泥

🕐 40 分钟　☐ 简单

主料

紫薯100克，猪里脊50克

营养贴士

1. 除了具有普通红薯的营养价值外，紫薯还富含花青素及硒、铁等矿物质元素，具有抗氧化、增强免疫力的功效。
2. 食用紫薯时不能贪多，过量食用会出现腹胀、反酸等情况。

做法

1　紫薯洗净后削去外皮，切片。

2　放入烧开的蒸锅内蒸25分钟。

3　猪里脊洗净后先切成条，再切成1厘米的丁。

4　锅内加入足量的水，烧开后下入猪肉丁煮2分钟后捞出。

5　将紫薯和肉丁放入破壁机，加入适量温水，搅打成均匀的泥状即可。

烹饪秘籍

紫薯淀粉含量高，口感比较干，制作紫薯泥时需要额外加一些水，这样口感更细腻，也更好消化。给低月龄的宝宝制作时只需要加水就可以了，而对于1周岁以上的宝宝，可以尝试加入牛奶、酸奶等乳制品。

清香软糯

牛肉茄泥

🕐 40分钟 ☐ 简单

🍅 白色的茄子肉搭配红色的牛肉，颜色很漂亮；茄泥的软糯搭配肉泥的清香，口感也十分讨喜。给宝宝做辅食，不是简单地把食物做成泥，宝宝的辅食也一样可以做到色香味俱全！

主料

圆茄子半个（约100克），牛肉50克

营养贴士

相比猪肉，牛肉中含有更丰富的蛋白质和铁元素。牛肉的香味浓郁，搭配没什么味道的茄子是一个非常不错的选择。

做法

1 牛肉洗净后切成碎末。

2 茄子洗净后去皮，切成5毫米左右的片。

3 将茄子片均匀码放在盘子里，将牛肉末铺在茄子片上。

4 蒸锅里加入水，水开后将盘子放入蒸锅，蒸20分钟。

5 将蒸熟的茄子和肉末放入料理机，打成均匀的泥状即可。

烹饪秘籍

1 茄子皮薄肉多不易储存，不要一次买太多。挑选茄子时要选择表面光滑、整体匀称、软硬适中的茄子。
2 茄子花萼和果实连接处露出白绿色果皮的地方俗称为"茄眼"，茄眼越大说明茄子越嫩，反之说明茄子越老。给宝宝做茄泥时要尽量挑选比较嫩的茄子。
3 不同部位的牛肉咀嚼难度不同，做肉泥时尽量选择里脊或颈背部比较嫩的部位。

第一章　6~8个月　泥、糊状食物

33

补铁肉泥

胡萝卜豌豆牛肉糊

🕐 30 分钟　🍴 简单

🥔 这道肉泥荤素搭配，营养均衡。这里面除了有天然的胡萝卜素，还能补充蛋白质、维生素等多种营养，还锻炼了宝宝的咀嚼能力。

主料

牛肉40克，胡萝卜20克，豌豆20克

营养贴士

牛肉能补铁、增强人体免疫力。快速成长的宝宝很容易发生贫血，所以要适当给宝宝补充红肉类辅食。强化铁米粉、红肉类、动物内脏等含铁丰富，而新鲜的蔬菜和水果富含维生素C，可以帮助铁的吸收。

做法

1　小汤锅中加入足量清水，放入牛肉炖至软烂。

2　胡萝卜洗净、去皮、切段后煮软。

3　豌豆洗净，放入开水中煮熟。

4　捞出豌豆，剥掉表皮。

5　将牛肉、胡萝卜、去皮豌豆、少许白开水放入料理机，搅打成肉泥即可，可用薄荷叶点缀。

烹饪秘籍

肉类食材可以一次多做一些，分份冷冻，食用时再加入新鲜蔬菜类辅食，将会更方便。

香甜又健康
红薯米粉糊

🕐 20分钟　合 简单

🥔 红薯的味道其实特别棒，带着食物天然的甜味，营养也很丰富。只需稍稍加以制作，宝宝就能享受一碗红薯米粉糊了。

主料
红薯1个

辅料
婴儿米粉糊80毫升

营养贴士

红薯富含钾元素、维生素C和抗氧化物质，其含有的膳食纤维质地柔软，宝宝也能较好地消化吸收。

做法

1 红薯洗净外皮。

2 将红薯放入蒸锅蒸熟。

3 取出蒸好的红薯，去掉外皮。

4 取一小块红薯，用研磨碗制成细腻的红薯泥。

5 将30毫升红薯泥放入冲调好的米粉糊中拌匀即可。

烹饪秘籍

如果使用辅食机制作红薯泥，先将红薯洗净、去皮，切成小块，然后放入辅食机蒸熟，再打成红薯泥即可。

菠菜蛋黄泥

🕐 25分钟　🍚 简单

主料

菠菜50克，鸡蛋1个

营养贴士

菠菜富含类胡萝卜素、维生素C、维生素K及钙、铁等矿物质，且水分大，口感爽滑，易于宝宝吞咽。

做法

1 鸡蛋洗净外壳，放入能没过鸡蛋的开水中煮7分钟后关火，盖上锅盖闷3分钟。

2 将煮好的鸡蛋泡入冷水中冷却，剥皮待用。

3 菠菜去根，洗净并沥干水分。

4 锅里加入足量的水烧开，下入菠菜煮1分钟后捞出。

5 将煮好的菠菜用勺子碾碎并过筛成细腻的菠菜泥待用。

6 剥皮的鸡蛋对半切开，取出蛋黄，蛋白留作他用。

7 用汤匙将蛋黄压成泥状。

8 将菠菜泥加入蛋黄泥中，拌匀即可。

烹饪秘籍

挑选菠菜时，要选择鲜嫩的，红色根部短小，茎部结实，叶片边缘整齐、大且肥厚的菠菜比较好。

提起菠菜，就会联想到大力水手，以及
"我是大力水手！我爱吃菠菜！所以我力大无
穷！"这句经典的台词。爱吃菠菜泥的小宝宝
也一定是最强壮的宝宝！

第一章　6~8个月　泥、糊状食物

37

红枣山药泥

🕐 40分钟　🍴 简单

主料

怀山药150克，干红枣30克

做法

1 山药洗净后去皮、切成片。

2 红枣洗净，对半切开，剔除枣核。

3 将山药片和红枣放入烧开水的蒸锅内蒸25分钟。

4 将蒸熟的红枣过筛。

5 将山药片压成泥。

6 将红枣泥和山药泥混合，加入适量温水，拌匀成浓稠的泥糊状即可。

烹饪秘籍

市面上常见的山药有怀山药和淮山药两种，虽仅一字之差，却是两种不同的山药：怀山药即铁棍山药，主要产自河南，属于药食同源的食材，适合蒸、煮食用，口感沙、水分少；而淮山药即俗称的菜山药，多产自南方，适合炒菜，做熟后仍能保证爽脆的口感。

枣泥甜度很高、黏性大，而山药泥水分少、口感干，两者单独做辅食，对于低龄的宝宝来说并不是很好吞咽，但将两者混合起来，却能扬长避短，变成一道甜度适中，口感细滑的宝宝辅食。

南瓜燕麦糊

⏱ 30分钟　☐ 简单

🍅 万圣节是一个有趣的西方节日，还不会走路的小宝宝没法去参加"不给糖就捣蛋"的游戏，不想错过节日的家长们可以给宝宝穿上可爱的南瓜服，再给宝宝做一个南瓜灯，玩完了还可以煮粥，一点都不会浪费呢。

主料

南瓜150克，速食燕麦片50克

营养贴士

南瓜富含膳食纤维，能有效帮助宝宝消化；其中的亚麻油酸、卵磷脂对于宝宝大脑和骨骼的发育也有很好的促进作用。

做法

1　南瓜洗净后去皮，切成2厘米见方的小块。

2　锅内加入没过南瓜的水，大火煮开后再煮15分钟至南瓜完全煮熟，下入燕麦片后再煮1分钟。

3　将煮熟的南瓜和燕麦片捞出，冷却至温热后放入料理机。

4　加入少许煮南瓜的汤水，搅打成均匀的糊状即可，可用薄荷叶点缀。

烹饪秘籍

1 速食燕麦片非常容易煮熟，所以要在南瓜煮熟后再下入燕麦片，并且不要煮太长的时间。

2 要选购新鲜的燕麦片，同等重量的燕麦片，煮出来越黏稠则品质越好。

第二章

9 ~ 12个月
半固体、固体食物

🍅 9个月的宝宝已经开始爬来爬去地探索这个世界了，也已经长出了几颗乳牙，普通的白粥对他们来说似乎过于单调了。将合理搭配的食材煮到粥里，不仅能丰富白粥的口味和营养，也能锻炼宝宝的吞咽能力。

让白粥更可口
胡萝卜瘦肉粥

🕐 60分钟　🍴 简单

主料
大米50克，胡萝卜20克，猪里脊50克

辅料
葱花适量

营养贴士

胡萝卜中的胡萝卜素需要在油脂的帮助下才能被更好地吸收，胡萝卜和猪肉就是非常合理的搭配。虽然猪肉的蛋白质含量不是很高，却含有人体必需的脂肪酸及促进铁吸收的半胱氨酸，很适合辅食量逐渐增加的宝宝。

做法

1　猪肉洗净后切成肉末。

2　胡萝卜洗净后用料理机打成碎末。

3　大米洗净待用。

4　大米放入锅内，加入800毫升的水，大火烧开后调小火，保持沸腾状态继续煮40分钟。

5　加入胡萝卜碎、肉末继续煮20分钟至大米软糯。

6　出锅前加入葱花即可。

烹饪秘籍

1 煮白粥时，大米冷水下锅有利于米充分吸收水分，使煮出的粥更浓更香。

2 在时间紧张的情况下，可以用冷冻法快速煮粥：将洗净的大米冷冻，再放入沸水中煮10分钟，就能煮成一锅细软的白粥了，非常适合上班族爸妈。

清香鲜美

芦笋鳕鱼碎碎面

🕐 25分钟　🍴 简单

主料

鳕鱼30克，芦笋20克，鲜香菇10克，碎碎面50克

辅料

食用油1/2茶匙，柠檬皮5克

营养贴士

鱼类富含DHA，对宝宝大脑的发育格外有好处，让宝宝越来越聪明灵活。

🐰 碎碎面煮得细软柔滑，有蛋白质丰富的鳕鱼、清香的芦笋，满满都是营养。平时胃口小的宝宝都能多吃半碗。

做法

1　鳕鱼切粒，加入柠檬皮，放入冰箱冷藏腌制20分钟。

2　将芦笋洗净、去老根，切成薄片；香菇洗净、切细末。

3　炒锅中加食用油烧热，放入鳕鱼粒煎香。

4　放入香菇末炒出香味。

5　加入适量清水烧开，放入碎碎面、芦笋煮熟即可。

烹饪秘籍

鱼类食物制作之前要仔细检查一遍，确保没有鱼刺。

西蓝花仿佛漂亮的绿色花球，摘下来的小朵西蓝花像一棵棵挺拔的小树，而切成碎末的西蓝花点缀在宝宝的饭里，就像碗里的食物开出了绿色小花，普通的一餐因此变得有趣起来。

面条里开出了绿色小花

鸡肉西蓝花面条

🕐 15分钟　🍴 简单

主料

鸡胸肉50克，西蓝花40克，儿童面条50克

营养贴士

西蓝花富含维生素C，营养成分比较全面，口感比普通的白色菜花要好很多，再加上烹调后仍能保持鲜亮的绿色，能够成为餐桌上一道漂亮的风景。

做法

1　西蓝花洗净后掰成小朵，放入沸水中煮2分钟后捞出，放入冷水中冷却。

2　将冷却的西蓝花切成碎末待用。

3　鸡胸肉洗净，切成薄片，放入沸水中焯水1分钟后捞出。

4　将焯过水的鸡肉沿着纹理撕成细丝。

5　将鸡肉丝切成肉末。

6　锅内加入足量的水，烧开后下入儿童面条，煮两三分钟后倒掉多余的水，在锅内留下没过面条的水。

7　下入西蓝花末和鸡肉末，再煮一两分钟并拌匀即可。

烹饪秘籍

1 尽量选择细面条，如果面条太长，可以在煮之前剪成长短合适的段，煮好的面条一定要非常软烂才能给宝宝喂食。

2 西蓝花清洗前可以用淡盐水浸泡，可以有效驱除花心里的虫子。

3 尽量取西蓝花的花球部分，将比较硬的花茎都去除，这样更利于宝宝吞咽。

你吃馄饨我吃皮

青菜番茄面片汤

⏱ 10分钟　🍴 简单

很多大人都觉得单独给宝宝做辅食是一件特别费时费力的事情，其实完全可以将大人和孩子的餐食合理结合起来。比如大人们吃馄饨，就可以用馄饨皮给宝宝煮一碗浓浓的面片汤。全家人一起吃饭才是每天最幸福的事情。

主料

小白菜1棵，番茄半个（约80克），馄饨皮6张

营养贴士

面片汤是一道非常家常的宝宝辅食，煮得软烂的面片非常易于消化。面食主要提供热量，在配菜搭配方面要注意营养均衡，保证蛋白质和维生素的全面摄取。

做法

1 将馄饨皮先切条，再切成边长约1厘米的菱形面片。

2 小白菜洗净、去根后放入沸水中焯1分钟。

3 番茄洗净，去皮，对半切开，取半个切成碎末。

4 锅里加入足量的水，煮开后下入面片。

5 再次煮沸后下入番茄末和小白菜末。

6 第三次煮沸后关小火，再煮一两分钟即可。

烹饪秘籍

面片汤里的食材可以自由搭配，可荤、可素，也可荤素搭配，选用的食材不同，风味也会不同，可以根据宝宝的喜好和对食物的接受程度自由发挥。

随机混合在一起的紫色和白色就像一幅抽象风格的水墨画，切成小块也很方便宝宝抓握。不妨把所有的紫薯山药糕都放在盘子里，让宝宝自己选择先吃哪一块吧！

拼色的魅力

紫薯山药糕

🕐 3 小时　　🍽 简单

主料

紫薯100克，怀山药150克

营养贴士

山药中富含淀粉，紫薯中富含膳食纤维，两者搭配在一起既能提供能量，也能有效促进消化，帮助宝宝通便。

做法

1　紫薯洗净后去皮，切片。

2　山药洗净后去皮，切片。

3　将紫薯片和山药片分别码放在容器里，放入烧开的锅内蒸25～30分钟。

7　将冷藏好的紫薯山药糕从饭盒中轻轻倒扣取出，切成2厘米见方的小块，回温到室温再给宝宝食用。

4　将蒸熟的紫薯和山药分别用勺子碾碎后过筛成细腻的泥状。

5　将紫薯泥和山药泥随意地揉在一起，形成随机的彩色纹路。

6　找一个干净的方形饭盒，将混合好的紫薯山药泥铺到饭盒里，压实，放入冰箱冷藏2小时定形。

烹饪秘籍

1 为了防粘，可以在饭盒内壁上薄薄地抹上一层植物油，这样会更方便脱模。
2 也可以将山药和紫薯分别铺入饭盒内，做成上下两种颜色的糕体。
3 在天冷时，切好的糕体可以用微波炉热一下再给宝宝吃，以免引起宝宝肠胃不适。

给辅食加点颜色

胡萝卜拌红薯

🕐 40分钟　🍽 简单

主料	辅料
胡萝卜50克，红薯100克	橄榄油适量

营养贴士

红薯淀粉含量较高，有较强的饱腹感，且含糖量可达15%～20%，是谷薯类中比较适宜制作辅食的原料。其富含膳食纤维，可有效促进肠胃消化，对于便秘等消化不良的宝宝有一定的食疗作用。

胡萝卜丰富了红薯的颜色，红薯增添了胡萝卜的味道，两者相得益彰。一道普通的辅食，不仅赏心悦目也格外可口。

做法

1　胡萝卜和红薯洗净后去皮，切片。

2　将红薯片放入烧开的蒸锅里蒸25分钟。

3　胡萝卜片倒入沸水中煮2分钟后捞出，沥干水分。

4　将蒸熟的红薯用勺子压成泥。

5　胡萝卜片放入料理机打成碎末。

6　将胡萝卜碎倒入红薯泥中。

7　滴入几滴橄榄油并拌匀即可。

烹饪秘籍

红薯一般有白心和黄心两种，白心的淀粉多，黄心的水分多，两者都可以给宝宝做辅食。选购时应挑选形状均匀、呈椭圆或细长状的红薯，这样的红薯比短小圆润的要甜。

秋天是瓜果丰收的季节，可供选择的水果非常多，但由于气候原因，秋天也是一个很干燥的季节，为了给宝宝补充足够的水分，家长们可以试着煮一些时令的甜汤，煮好后可以锻炼宝宝自己用勺子喝哦。

秋天的味道

银耳百合雪梨羹

🕐 45分钟　🍴 简单

主料

梨1个，鲜百合40克，干银耳10克，枸杞子2克

营养贴士

切成小块的银耳煮熟后口感细滑、软糯，非常适合这个阶段的宝宝食用。银耳泡发率很高，泡发后的银耳富含水分，有很好的通便作用，对于缓解秋燥所带来的宝宝肠胃不适有一定的积极作用。

做法

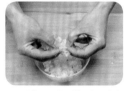

1 干银耳提前2小时泡发，泡发后洗净，取10克用手撕成小朵待用。

2 梨、百合、枸杞子分别洗净。

3 梨削皮、去核，切成1厘米见方的丁。

4 锅内加入1升水，放入银耳，煮沸后调小火，继续煮20分钟至银耳软糯。

5 加入梨、百合，继续煮10分钟。

6 撒入枸杞子，再煮1分钟即可。

烹饪秘籍

1 泡发的银耳为纯白至乳白色，呈半透明状。干银耳是金黄色的，品质越好的银耳晒干后颜色越深。如果干银耳就呈现雪白的颜色，有可能是硫磺熏制过的，挑选时可以闻一下是否有酸、臭等刺鼻的气味，或者掰一小块尝尝是否有刺激感。

2 选购鲜百合时要挑选颜色白、个头大的，鳞片大小均匀且肉质厚实的百合品质较好。

嫩嫩滑滑

肉末秋葵

🕐 20分钟　☐ 简单

🍅 秋葵不仅有漂亮的绿色外衣，还有独特的口感，但是因为本身没什么味道，在辅食的制作上不妨尝试跟肉类搭配。

主料
秋葵50克，猪里脊肉30克

营养贴士

秋葵肉质鲜嫩、口感爽滑，内部的黏性物质由果胶及多糖构成，且富含蛋白质、维生素和矿物质，营养价值很高。

做法

1 秋葵洗净，放入沸水中煮半分钟。

2 将煮好的秋葵浸入凉水中浸泡。

3 将冷却后的秋葵去蒂，对半切开，剔除子，切成小块。

4 猪肉洗净后切成小条。

5 将猪肉条和秋葵块放入料理机打成碎末。

6 将秋葵和肉末拌匀后放在容器内，放入烧开的蒸锅内蒸10分钟即可。

烹饪秘籍

1 秋葵的子比较小，对于乳牙萌出不多、咀嚼功能尚在发育的宝宝来说，吃起来会有一定的危险，所以应尽量把子剔除。
2 秋葵焯水后再去蒂，可以尽可能多地保留内部的胶质，保留其中的营养成分。

猪肝的口感略硬，颜色也比较深，在辅食制作上可以考虑为其增加一些色彩，比如搭配颜色丰富、口感绵软的蔬菜，会让整道菜看起来更加漂亮，口感也更好。

三丁拌猪肝

🕐 70分钟　🍴 简单

主料
猪肝50克，胡萝卜20克，紫洋葱20克，黄瓜20克

辅料
料酒、盐各少许

营养贴士

猪肝是补充蛋白质、铁、锌、维生素A的优良食材，对于宝宝的生长发育有着积极的作用。但猪肝的胆固醇含量较高，对宝宝来说不宜多吃，每周一次就可以了。

做法

1 猪肝洗净，用淡盐水浸泡2小时，洗去血水。

2 将洗净的猪肝切成小丁待用。

3 洋葱、胡萝卜、黄瓜分别洗净后切成小丁。

4 将三种蔬菜丁拌入猪肝丁内，加入料酒拌匀，腌制15分钟。

5 将腌好的猪肝丁放入容器，放入烧开的蒸锅内蒸15分钟即可，可撒葱花点缀。

烹饪秘籍

肝脏作为解毒器官，会聚集有毒的代谢产物，所以用猪肝给宝宝做辅食前一定要清洗干净。在浸泡前可以先在猪肝表面裹上一些面粉，用手揉搓，再在流动的水下反复冲洗，将里面的血水尽量挤出。浸泡后的猪肝也要再冲洗一下，这样可以有效析出猪肝内的毒素。

有菜有肉又有饭

豌豆肉末软饭

🕐 50 分钟 🍴 简单

🍅 快1岁的宝宝越来越好动，对食物的兴趣也越来越大，也许已经可以很好地自己吃饭了，这时候宝宝的辅食就可以慢慢从稀饭、粥类过渡到软饭的阶段，把豌豆、肉、大米一起焖熟，饭里有菜，菜里有肉，真是非常丰富的一餐啊！

主料

猪肉末50克，豌豆20克，大米60克

营养贴士

豌豆内铜、铬等矿物质元素含量较多，对骨骼的发育有积极的作用，日常食用时采取蒸、煮的方式最能保留其营养。

做法

1 豌豆洗净，放入料理机切碎。

2 大米洗净，放入碗内，加入2倍于大米的水。

3 加入猪肉末和豌豆碎，用筷子搅拌均匀。

4 放入烧开的蒸锅中，蒸40分钟。

5 将蒸好的软饭用勺子拌匀即可，可用薄荷叶点缀。

烹饪秘籍

1 可以选择肥瘦相间的猪肉自己用料理机来打猪肉末，这样做出来的软饭口感更好，味道也更香。

2 整粒豌豆对宝宝来说还是有些大，但也不要切得太细碎，这样不利于宝宝牙齿的发育。

玉米口味香甜，做主食或配餐都是不错的选择，在宝宝小的时候可以榨玉米汁，等长大以后，玉米还可以变很多花样来做给宝宝吃，比如这道香甜玉米饼，做成适合宝宝小手拿握的大小，宝宝就可以像小大人一样自己拿着吃了！

我能自己吃饭啦

香甜玉米饼

🕘 40分钟　🍴 简单

主料

玉米2根，面粉2汤匙

辅料

黑芝麻少许，油少许

营养贴士

玉米的营养成分相对全面，作为常见的粗粮，可以作为宝宝主食的补充，其含有的膳食纤维能够帮助肠道蠕动，促进宝宝消化。

做法

1 用刀小心地将玉米粒剥下。

2 将玉米粒放入破壁机、加入少许水，打成均匀的玉米糊。

3 将面粉加入玉米糊，用筷子顺着一个方向搅拌成均匀的面糊。

4 电饼铛提前预热，在内壁上抹上一层薄薄的油。

5 用汤匙舀一勺玉米面糊，倒在电饼铛内，并尽量用勺子整形成圆形，并撒上几粒黑芝麻。

6 盖上电饼铛上盖，加热四五分钟至两面金黄即可。

烹饪秘籍

1 不同品牌的电饼铛预设的程序模式不尽相同，大家在制作时可以根据自己使用的电饼铛调节烙饼的时间。

2 如果没有电饼铛，也可以用不粘的平底锅将两面烙至金黄即可。

蘑菇蘑菇我爱你

菌香牛肉饼

🕐 35分钟　📋 简单

🥔 添加了口蘑的牛肉饼在制作的时候，会让家里充满独特的香气，肉饼在锅内刺啦作响的声音像一首美妙的乐曲，而等着吃饭的宝宝就是妈妈全身心投入的最大动力。

主料
牛肉100克，口蘑50克，紫洋葱1/4个（约60克），淀粉1茶匙

辅料
油适量

营养贴士

洋葱中的蒜素可有效提高牛肉中B族维生素的吸收率，所以制作牛肉类辅食的时候可以适量加入洋葱，不仅能提香去腥，也能促进营养的吸收。

做法

1　牛肉、口蘑洗净，切成小块。

2　洋葱去皮后取1/4，切块。

3　将牛肉、口蘑、洋葱一起放入料理机，搅打成均匀的牛肉馅。

4　将打好的肉馅取出，加入淀粉，用手抓匀。

5　平底锅烧热，在锅底倒少许油，用手取适量肉馅，团成丸子，放入锅内。

6　用勺子或锅铲将肉丸压平成饼状。

7　肉饼每面煎1分钟左右至两面金黄即可。

烹饪秘籍

1 做好的牛肉饼也可以放入蒸锅蒸熟，不用油煎的牛肉饼口感会更清淡一些。
2 购买口蘑时，要选择外形完整、伞盖表面平整、平滑，边缘向下包裹的新鲜口蘑。

绿豆是解暑良品，每年夏天都会想起小时候妈妈亲手熬的绿豆汤，如今自己也做了父母，也希望宝宝能过一个清爽的夏天。不妨试着做这道添加了水果丁的可口绿豆沙吧。

水果绿豆沙

🕐 40分钟　🍴 简单

主料

绿豆50克，白心火龙果10克，红心火龙果10克，香蕉10克

营养贴士

绿豆内的蛋白质、磷脂能有效促进食欲，绿豆皮中更是含有21种微量元素，非常适合在炎热的夏天食用。

做法

1　绿豆洗净，用水浸泡2小时。

2　两种火龙果、香蕉去皮后分别切成小丁待用。

3　锅里放入绿豆，加入10倍于绿豆的水，大火煮开后，继续煮30分钟。

4　待绿豆汤冷却至温热状态，捞出煮熟的绿豆，撒上水果丁，再浇上适量的绿豆汤即可，可用薄荷叶点缀。

烹饪秘籍

1 煮绿豆汤时要避免使用铁锅，绿豆中的类黄酮遇到铁锅中的铁离子会导致绿豆汤变色，也会影响其营养成分。

2 可以根据宝宝的喜好及时令自行搭配水果丁，尽量选择颜色有对比的水果丁，会让宝宝更有食欲。

补铁补锌又营养

肝泥蒸糕

🕐 20分钟　🍴 简单

主料

猪肝50克，鸡蛋1个

辅料

料酒1茶匙，葱段、姜片、
香油、盐各少许

营养贴士

人体无法合成并储存B族维
生素，所以必须保证宝宝每
日的维生素摄入量，除了每
天都要喝奶外，还要保证蛋
类、肉类、蔬菜的摄入量，
每周可以添加一次动物内
脏，但不宜过量。

🥕 添加了猪肝的蒸糕，不仅能
弥补鸡蛋中铁元素不易吸收的缺
点，也让口感更加丰富了，吃腻
普通蛋羹的宝宝一定会非常乐于
尝试新菜品的。

做法

1　猪肝洗净，用淡盐水
浸泡2小时并洗去血水。

2　猪肝切块，加入料酒
腌制15分钟。

3　将腌好的猪肝放入破
壁机，加入70毫升水、
葱段、姜片，打成均匀
的泥状。

4　鸡蛋磕入碗中，用蛋
抽打散并过筛。

5　将蛋液加入肝泥，搅
拌成均匀的糊状。

6　蒸锅烧开，调至小
火，放入肝泥，蒸10分钟
后取出，淋上香油即可。

烹饪秘籍

同蒸蛋羹一样，做这道肝泥蒸糕时也要格外注意火
候，一定要小火蒸制，火太大会导致蒸糕内部出现
蜂窝状空洞，影响口感和美观。

简约不简单

牛奶蛋羹

🕐 20分钟　🍴 简单

主料

鸡蛋1个，牛奶70毫升

辅料

香油少许

做法

1　鸡蛋磕入碗中。

2　倒入牛奶，用蛋抽或筷子打撒成均匀的蛋奶液。

3　将打好的蛋液过筛，过滤掉表面的泡沫。

4　在装蛋液的碗上封上耐热保鲜膜，用牙签在保鲜膜上扎上几个小孔。

5　蒸锅烧开，调至小火，将碗放入蒸10分钟。

6　撕去保鲜膜，滴上几滴香油，冷却至温热后给宝宝喂食即可。

烹饪秘籍

1 蛋羹内鸡蛋和液体的比例控制在1：1.5~1：2，除了加入牛奶，也可以加入果蔬汁、肉汤、菜汤等来丰富口感。

2 打散的蛋液一定要过筛至表面没有泡沫，如果过筛一次后还有很多泡沫，可以再过筛一次，过筛后如果只剩少许泡沫，可以用厨房纸小心吸掉即可。

3 蒸蛋羹时一定要用小火，火太大会造成蛋羹内部空洞过多，不够细腻。

蒸蛋羹是一道非常家常的辅食，但是要想做出完美的蒸蛋羹却并不那么容易，如果你总是做不好，不妨试试下面的方法吧！

香菇小达人

香菇豆腐饼

🕐 30分钟　🍴 简单

主料

南豆腐100克，鲜香菇50克，
淀粉30克

辅料

油少许

做法

1 豆腐洗净后切块。

2 锅内加入水，烧开后，放
入豆腐块焯水1分钟，捞出沥
干水分。

3 香菇洗净后放入料理机切碎。

4 将香菇碎加入到豆腐块
中，加入淀粉，用勺子将豆腐
块压碎，并拌成均匀的糊状。

5 平底锅加热，抹上油，用
勺子舀适量豆腐糊，放入锅内
后整形成饼状。

6 煎1分钟后翻面，直到两面
煎至金黄即可。

烹饪秘籍

豆腐一定要现买现吃，如果不是马上烹调，可以浸泡在淡盐水
中保鲜。在给宝宝制作辅食前可以将豆腐放入沸水中氽烫一
下，除了可以去除豆腥味外，也会让口感变得更好。

让宝宝学着自己吃饭是一个很重要的成长过程，在他们手口并用地去"玩"食物的同时，也是在感知这个世界，家长们不要害怕收拾宝宝吃完饭留下的"一片狼藉"，要知道，这样有趣的时光真的是转瞬即逝呢。

🍓 随着宝宝的成长，对食物的接受度也越来越高，在尝试了全蛋后，宝宝可以接触更多富含蛋白质的食物了，比如豆腐就是一个很好的选择。豆腐虽然有营养，但颜色上并不怎么吸引人，不妨尝试加入一些漂亮的蔬菜，让普通的豆腐焕发出新的风采！

美味又营养

时蔬豆腐羹

⏱ 30分钟　☐ 简单

主料

内酯豆腐150克，鸡蛋1个，胡萝卜、青椒各20克

营养贴士

豆腐富含植物蛋白及钙质，通常被称作"植物肉"，但豆类中的蛋白质为异体蛋白，非常容易引起宝宝过敏，所以不能过早添加，最好等宝宝1岁之后再逐渐少量尝试添加。

做法

1 内酯豆腐用勺子压成泥状。

2 胡萝卜、青椒洗净后切成小丁。

3 鸡蛋磕入碗中，打散成均匀的蛋液。

4 将胡萝卜丁、青椒丁、蛋液加入豆腐泥中，搅拌成均匀的豆腐蛋糊。

5 蒸锅烧开，调成小火，放入豆腐蛋羹，蒸15～20分钟即可。

烹饪秘籍

豆腐有南豆腐、北豆腐之分，也就是人们常说的嫩豆腐、老豆腐。随着点卤工艺的改进，如今还可以买到口感更细嫩的内酯豆腐。内酯豆腐的含水量比普通豆腐多出近1倍，也更适合给低龄的宝宝做辅食。

第三章

1~2岁
锻炼咀嚼能力的食物

🥕 1岁以上的宝宝已经需要开始锻炼咀嚼能力了，在这个阶段，鲜脆的黄瓜配上爽滑的蒸蛋，是锻炼咀嚼肌的最佳拍档。选择鹌鹑蛋作为蒸蛋的原材料，较之传统的鸡蛋更能满足宝宝的营养需要。

有颜有料的黄瓜

黄瓜蒸鹌鹑蛋

🕐 20分钟　☐ 简单

主料

黄瓜1根（约180克），鹌鹑蛋10～15个

辅料

淀粉1茶匙，盐少许，葱花少许

营养贴士

鹌鹑蛋虽然营养价值整体来看跟鸡蛋相似，但其中B族维生素及磷脂的含量都高于鸡蛋，特别是维生素B_2的含量是鸡蛋的2倍，能够有效促进人体生长发育。

做法

1　黄瓜洗净后去皮，切成3厘米左右的段。

2　用茶匙小心地挖出黄瓜段中的子，注意不要挖透。

3　鹌鹑蛋磕入碗中，加入等量的清水，用蛋抽打成均匀的蛋液。

4　倒入黄瓜段的中空部分，并码放在盘子里。

5　蒸锅烧开后调至小火，放入黄瓜段，蒸10分钟后取出。

6　另取炒锅，开小火，加入1汤匙白开水和盐，搅拌均匀。

7　淀粉加入少许水调成水淀粉，待锅内水冒小气泡时加入，并用炒勺顺着一个方向搅拌成均匀的芡汁。

8　将芡汁淋在出锅的黄瓜蒸鹌鹑蛋上，撒少许葱花即可。

烹饪秘籍

在选购时要挑选颜色翠绿、粗细均匀、手感硬实的黄瓜，用手指轻掐黄瓜，手感脆嫩，有水分流出的说明比较鲜嫩。

浓浓芝麻香

麻酱豇豆丁

🕐 20分钟　🍴 简单

主料

豇豆150克

辅料

芝麻酱30克，香油1茶匙，白芝麻少许

🥬 细细的颗粒，经过慢慢研磨，化作浓浓的芝麻香，流淌在绿色的豇豆丁上，不仅吸引着宝宝的视线，也刺激着正在发育的嗅觉，最终变成嘴边的津液。快来大快朵颐吧。

营养贴士

豇豆富含植物蛋白、B族维生素和维生素C，对提高机体免疫力，促进肠胃蠕动、帮助消化等都有着积极的作用。

做法

1　豇豆掐头去尾，择去豆筋，洗净并沥干水分。

2　锅内加入足量的水，烧开后放入豇豆，煮5分钟后捞出，浸泡在凉水中。

3　碗里加入20毫升凉开水，加入芝麻酱、香油，用筷子顺着一个方向慢慢搅拌至芝麻酱和水混合均匀。

4　将冷却好的豇豆捞出，沥干水分，切成1.5厘米的小段。

5　倒入调好的芝麻酱汁，撒上白芝麻点缀即可。

烹饪秘籍

在挑选豇豆时要尽量选择颜色鲜绿，末端新鲜无枯萎的，这样的豇豆比较新鲜、口感较嫩，如果颜色已经发白，且豆子突出，说明比较老了。

最熟悉的家常味

双椒炒蛋

🕐 30 分钟　🍽 简单

主料

鸡蛋2个，青椒半个（约80克），红椒半个（约80克），泡发木耳50克

辅料

油1汤匙，盐少许，料酒1茶匙，葱少许，蒜少许

做法

1　鸡蛋磕入碗中，加入料酒，用筷子或蛋抽打散成均匀的蛋液。

2　青红椒洗净，去子后切成菱形块；木耳洗净后撕成小朵。

3　葱、蒜去皮，洗净后切成末。

4　锅内倒入油，烧至六七成热，倒入蛋液。

5　待蛋液略凝固时用锅铲翻炒至熟，并切成小块，盛出待用。

6　利用锅里剩余的油爆香葱末、蒜末。

7　将青红椒、木耳倒入锅内，大火翻炒2分钟。

8　加入炒好的鸡蛋，再翻炒1分钟后加入盐，翻炒均匀，撒葱花即可。

烹饪秘籍

1 炒鸡蛋时油不宜过多，刚好盖住蛋液即可。

2 要选择果实饱满结实，表皮平整光滑的彩椒，果实变软或表皮起皱的说明已经不新鲜了。

色彩鲜艳的彩椒，是餐桌上最能吸引目光的焦点，辅以黑色的木耳，丰富口感的同时再次满足色彩的搭配。这道辅食可以补充蛋白质、维生素等多种营养元素，简单的家常味里藏着不简单的大学问。

胡萝卜在古代由西域传入中国，成就了诸多美味菜肴。这不是它与海鲜的第一次相遇，而是彼此融合、难以分离的团聚。在温暖的面糊中，胡萝卜丝随意舒展，与面糊在火热的鏊子上逐渐凝固，变身成萌萌的小圆饼。

萌萌的小圆饼

虾仁胡萝卜饼

🕒 40 分钟　✋ 简单

主料

鸡蛋2个，胡萝卜200克，面粉80克，虾仁10个

辅料

盐1克，胡椒粉少许，油少许

营养贴士

虾仁富含蛋白质，而脂肪含量却比较低，且肉质细嫩，易于咀嚼和吞咽。虾仁中的磷、钙等矿物质元素还能促进宝宝的生长发育。

做法

1 胡萝卜洗净，用擦丝器擦成细丝，加入盐、胡椒粉腌制15分钟。

2 将鸡蛋、面粉加入胡萝卜丝，用筷子搅拌成均匀的面糊。

3 平底锅加入少许油，烧至八成热。

4 用勺子舀一勺面糊，倒入锅内，摊平成圆形。

5 调至小火煎30秒，将虾仁放在面饼中心，盖上锅盖，再煎30秒。

6 待面糊表面凝固后，用锅铲小心翻面，将两面煎至金黄即可，可用薄荷叶点缀。

烹饪秘籍

现成的冷冻虾仁多数未剔除虾线，尽量挑选个头大的虾仁，并在烹调前剔除虾线，有条件也可以自己购买鲜虾去壳。

劲道有嚼劲

鸡丁豆腐干

🕐 40分钟　🍴 简单

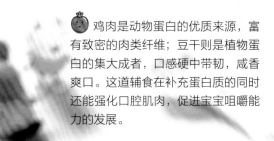

🍅 鸡肉是动物蛋白的优质来源，富有致密的肉类纤维；豆干则是植物蛋白的集大成者，口感硬中带韧，咸香爽口。这道辅食在补充蛋白质的同时还能强化口腔肌肉，促进宝宝咀嚼能力的发展。

主料

五香豆腐干100克，鸡胸肉60克

辅料

油1汤匙，料酒1茶匙，胡椒粉少许，淀粉1汤匙，香油2茶匙，香菜碎少许

营养贴士

豆腐干和鸡胸肉都是优质蛋白质的来源。豆腐干中还含有脂肪、碳水化合物、磷、铁等多种人体所需的营养物质，所以豆腐干也有"素火腿"的美誉。

做法

1　鸡胸肉洗净后切成小丁，加入料酒、胡椒粉、淀粉拌匀，腌制30分钟。

2　豆腐干洗净后切成小丁，放入烧开的水中焯1分钟，捞出，沥干水分待用。

3　锅烧热，加入油，烧至八成热，倒入腌好的鸡丁翻炒2分钟至熟。

4　将炒熟的鸡丁盛出，用厨房纸吸去多余的油。

5　将鸡丁和豆腐干丁放入大碗内，加入香油，用筷子拌匀。

6　将拌好的鸡丁豆腐干盛入容器，撒上香菜碎点缀即可。

烹饪秘籍

冷鲜鸡肉和冷冻鸡肉对储存条件有严格的要求，在购买时一定要选择能够保证储藏温度的大型超市，尽量选购单独封装的产品，不要选择价格过于低廉的散装冷冻制品。

完美的组合

胡萝卜肉饼

🕐 40分钟　🍴 简单

主料

猪前腿肉150克，胡萝卜100克

辅料

葱适量，姜适量，料酒1汤匙，胡椒粉1茶匙，蚝油2茶匙，盐少许，淀粉1汤匙

做法

1 猪肉、胡萝卜洗净后分别切成小块；葱、姜切末待用。

2 将猪肉、胡萝卜放入料理机，搅打成均匀的肉馅。

3 在肉馅中依次放入葱末、姜末及所有调料。

4 用筷子顺着一个方向搅拌至肉馅有黏性的状态。

5 在手心中放入适量肉馅，用虎口挤出圆形的肉丸。

6 电饼铛提前预热，将挤好的肉丸均匀放入电饼铛，用汤匙压平成饼状。

7 开启电饼铛，将肉饼煎至两面金黄即可。

烹饪秘籍

1 猪的前腿肉也称为前夹肉，这里的猪肉肥瘦比约为3：7，比较适宜做肉馅。搭配胡萝卜不仅可以解除油腻，也利于胡萝卜素的吸收。

2 新鲜猪肉颜色鲜红、有光泽，用手按压能恢复原状，有弹性，闻起来略有腥味，没有血水渗出。

这道辅食制作简便，营养丰富。在肉馅中加入胡萝卜，不但能够优化营养成分的比例，还能调和口味。美味肉饼就这样新鲜出炉喽！

第三章 1～2岁 锻炼咀嚼能力的食物

69

软糯的小丸子

肉末土豆丸子

⏱ 60分钟　🍴 简单

主料

土豆150克，面粉50克，猪里脊肉50克

辅料

料酒1茶匙，胡椒粉1克，盐少许，葱少许，姜少许，番茄沙司适量

做法

1　土豆洗净后去皮，切片，放入蒸锅内蒸30分钟至熟。

2　猪里脊洗净，用刀剁成肉末；葱、姜洗净后切成末。

3　猪肉末中加入料酒、胡椒粉、葱末、姜末腌制15分钟。

4　用压泥器将蒸熟的土豆压成均匀的土豆泥。

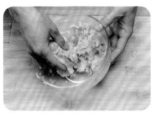

5　将腌好的肉末加入土豆泥，再加入面粉和盐，用手抓匀至有黏性的状态。

6　将土豆泥用手搓成大小合适的丸子，均匀放置在深碗内。

7　在碗上盖上耐热保鲜膜，放入烧开的蒸锅内蒸20分钟后取出。

8　挤上番茄沙司做装饰即可。

烹饪秘籍

要挑选外形匀称饱满，表皮金黄无绿色，光滑无疤痕，芽眼比较浅的土豆。

圆圆的小球仿佛有魔力，一直是宝宝的最爱。与传统的油炸方法不同，蒸出的小丸子更加低油、低脂，是烹调宝宝餐的不二选择。在水气升腾中，软糯的丸子逐渐成形，一口一个，大小正合适。

🍅 开动脑筋，将普通的焖饭发展出无穷的变化。原料的选择看似漫不经心，却暗藏玄机，随意的几样搭配，满足了从碳水化合物到维生素的需求。鲜绿的豆荚配以传统明目食材，从内而外，令人赏心悦目。

荤素搭配

豆角猪肝焖饭

🕐 60 分钟　　🍴 简单

主料

大米100克，猪肝50克，四季豆100克

辅料

盐少许，料酒1茶匙，生抽1茶匙，胡椒粉少许，葱花少许

营养贴士

豆角是很好的植物蛋白来源，还含有大量的维生素K，能有效增加骨密度，是一种营养价值较高的蔬菜。

做法

1 四季豆择洗净，切成小丁。

2 猪肝提前用盐水浸泡2小时，洗去血水，沥干，切成小丁。

3 在猪肝丁中加入料酒、胡椒粉，腌制半小时。

4 将腌好的猪肝和四季豆丁混合，加入盐、生抽，搅拌均匀。

5 大米淘净，放入电饭锅，加入1.5倍于大米的水。

6 将豆角猪肝丁放入电饭煲，用筷子略搅拌一下，开启程序将米饭蒸熟，撒葱花点缀即可。

烹饪秘籍

豆角种类很多，细分起来，有四季豆、扁豆、油豆、白不老等，在制作这道焖饭时，最好选择四季豆，挑选豆荚瘦长、体形圆润、肉质肥厚、颜色嫩绿的，比较适宜焖制，做出来的成品口感也更好。

豆香浓郁

鸡肉豆腐丸子

🕐 30 分钟　🍴 简单

主料

鸡肉100克，南豆腐100克

辅料

小葱10克，淀粉1汤匙，盐1克，香油2茶匙，油适量

营养贴士

豆腐的营养价值很高，特别是富含植物蛋白质，再加上豆腐的脂肪近八成都是不饱和脂肪酸，不含胆固醇且易于吸收，因此在宝宝的食谱中每周都应保证豆制品的摄入。

🍅 宝宝的成长离不开优质蛋白质的供给。在这道辅食中，动植物蛋白再次风云际会，切块剁末，挤碎抓匀，在一次次的混合中融为一体。高温炸制形成干脆的表皮，内里藏着一颗柔软的心，丰富的口感令宝宝爱不释口。

做法

1　豆腐洗净，切成大块，放入沸水中焯半分钟后捞出。

2　将豆腐用纱布包起来，扎紧封口，挤干水分后取出待用。

3　鸡肉洗净，用刀剁成肉蓉；小葱切成末。

4　将鸡肉蓉、葱末加入豆腐碎中，再依次加入淀粉、盐和香油，用手抓匀成有黏性的状态。

5　锅内加入足量的油，烧至五成热，取适量鸡肉豆腐蓉，用虎口挤出肉丸，依次放入锅内，用小火炸至金黄后捞出。

6　将丸子放在厨房纸上，吸去多余油脂后装盘即可。

烹饪秘籍

豆腐不易存放，在温暖环境中很容易变质。买回来的豆腐可以在盐水中煮开，冷却后连同煮豆腐的水一起密封，放入冰箱，可保存一周。

马蹄是马的蹄子吗？银耳是银色的耳朵吗？牙牙学语的宝宝经常会问这问那。面对孩子天马行空的问题，家长们不妨也天真一次，告诉他们：小马跑过的每一个脚印里都会长出一颗马蹄；树精灵的心情起落，就会长出不同颜色的耳朵！

润肺甜汤
马蹄银耳汤

🕐 70 分钟　　白 简单

主料
荸荠80克，干银耳20克

辅料
冰糖5克

营养贴士

荸荠的磷含量很高，有利于骨骼和牙齿的发育。荸荠中的荸荠素对金黄色葡萄球菌、大肠杆菌及绿脓杆菌有一定的抑制作用。

做法

1 干银耳提前泡发，洗净去根后撕成小朵待用。

2 荸荠洗净，去蒂、去皮，切成小块。

3 锅内加入1升水，将荸荠、银耳、冰糖一起放入锅内，大火煮开，调小火继续煮1小时即可。

烹饪秘籍

1 荸荠的季节性很强，且又生长在泥土中，在挑选时要擦亮眼睛，选择个大、皮薄，芽短，手感较硬，表皮紫黑微透着红色，背面中心处没有开裂、腐烂、黑洞的荸荠。
2 新鲜的荸荠果肉洁白，如果果肉变成黄色，说明已经不新鲜了，不要再给宝宝食用。

补钙又饱腹

银鱼煎饼

🕐 20 分钟　🍴 简单

主料
银鱼100克，鸡蛋2个，面粉100克

辅料
料酒1茶匙，葱花少许，盐少许，油少许

🥬 银色的小鱼游啊游，游到哪里去了？原来在宝宝的煎饼里！煎饼中加入了钙含量丰富的银鱼，能在宝宝骨骼发育的关键时期鼎力相助。在令人激动的成长过程中，不要忘了这条美味的银色小鱼哦。

营养贴士

银鱼富含蛋白质，钙含量也远超其他鱼类，具有很高的营养价值，且体形小巧，食用时不必去除头、鳍、内脏等，非常方便。

做法

1 银鱼解冻后洗净，沥干水分。

2 鸡蛋磕入碗中，用筷子打散后加入银鱼、料酒、盐、葱花，搅拌均匀。

3 分次加入面粉，搅拌成均匀的面糊。

4 电饼铛预热，抹上一层薄薄的油，将面糊均匀摊入电饼铛内，盖上盖，将煎饼两面煎熟即可。

烹饪秘籍

市面上出售的银鱼一般分为银鱼干和冰鲜银鱼两种，从操作的便捷性上看，冰鲜银鱼只需解冻清洗即可，不需要泡发，食用起来更为方便。挑选时要选择颜色洁白，通体透明，体长2.5~4厘米的为宜。

第三章　1～2岁　锻炼咀嚼能力的食物

巷口飘来的香味

快手豆腐脑

🕐 30 分钟　☐ 简单

主料

内酯豆腐1盒（约200克），干粉条15克，豆腐皮20克，干香菇15克，干木耳5克

辅料

淀粉1汤匙，生抽2茶匙，盐少许，葱花适量，香油适量

做法

1　粉条、香菇、木耳提前泡发后分别洗净；豆腐皮洗净待用。

2　香菇切片、木耳切丝、豆腐皮切丝、粉条切成五六厘米长的段。

3　锅内加入足量水烧开，下入香菇、木耳，煮1分钟后调至小火。

4　用勺子平着一勺一勺舀出内酯豆腐，并小心放入锅内，把所有内酯豆腐全部放入后，加入豆腐皮、粉条，再煮5分钟。

5　淀粉加入少许水调成水淀粉，缓慢倒入锅内，边倒边搅拌，之后调入生抽和盐。

6　出锅后加入葱花和香油即可。

烹饪秘籍

这款豆腐脑的配菜不一定拘泥于菜谱所写的，可以根据季节、地域、口味的不同，自由搭配。

依稀记得小时候巷口飘来的豆腐脑的香味。斗转星移，白驹过隙，到了亲手为孩子做一碗豆腐脑的时候了。让儿时垂涎的美味，在他们的记忆里延续。豆腐爽滑易碎，小心翼翼地捧在碗中，正如我们对宝宝的精心呵护。

清爽凉拌菜

三彩鸡丝

🕐 40分钟　🍽 简单

主料

鸡胸肉100克，青椒30克，胡萝卜30克，泡发木耳20克

辅料

料酒2茶匙，胡椒粉2克，盐少许，生抽1茶匙，香油少许，白芝麻少许

营养贴士

木耳富含蛋白质、多糖、矿物质、维生素等营养素，有"菌中之冠"的美称，对提高人的免疫力有一定的作用。

做法

1 鸡胸肉洗净，表面抹上胡椒粉，淋上料酒，腌制15分钟。

2 锅内加入水，烧开后放入鸡胸肉，煮10分钟后捞出，浸入凉开水中冷却。

3 木耳洗净、去根，切丝；青椒、胡萝卜洗净后切丝。

4 锅内加入水，烧开后分别下入青椒、胡萝卜、木耳，焯水1分钟后捞出，沥干水分。

5 将冷却的鸡胸肉用手顺着鸡肉纹路撕成细丝。

6 将焯好水的蔬菜加入鸡肉丝中，放入盐、生抽，用筷子拌匀。

7 将拌好的三彩鸡丝装入盘中，淋入香油，撒上芝麻点缀即可。

烹饪秘籍

青椒富含水溶性的维生素C，焯水时间不能太长，以免维生素流失，降低营养价值。

夏日的暑气总是容易带走宝宝的食欲，用什么来拯救他们的胃口？来一份简单易做的凉菜吧。三种颜色的配菜清爽怡人，准备过程简单方便，营养还十分全面，是这个时节最走心的味道。

营养又简单的早餐

南瓜 肉松 三明治

🕐 30分钟　🍴 简单

主料
白吐司4片，南瓜60克，猪肉松10克

营养贴士

猪肉松为脱水的肉制品，在制作过程中添加了盐、糖、酱油等调味料，所以肉松中钠离子、碳水化合物的含量都要高于猪肉，因此在给宝宝食用时要控制摄入量，并且搭配蔬菜、水果等含有维生素和膳食纤维的食物。

做法

1 南瓜洗净后去皮，切成小块，上锅蒸20分钟，冷却待用。

2 将蒸熟的南瓜沥干水分，用勺子压成南瓜泥。

3 取一片吐司，用勺子均匀抹上一半南瓜泥。

4 再铺上一层肉松。

5 盖上另一片吐司，用方形三明治模具压紧，将多余的吐司边切除。

6 将做好的三明治对半切开即可。

烹饪秘籍

1 购买市售肉松的时候要注意查看产品配料表，要选择配料为纯肉的肉松，另一个重要的挑选原则就是看价格，价格太便宜的往往不是纯肉制品。

2 还可以通过肉松的形态来选择，含有油脂、粉类等的肉粉松、油酥肉松，形态多为球状、粉状，吃起来有酥脆感。而形态呈絮状，纤维较长，形态柔软蓬松的太仓式肉松没有过多的添加剂，吃起来更加健康。

清晨的阳光带来全新的开始，工作的忙碌不
是简陋生活的借口，在有限的时间里准备一餐丰盛
的早点，是对每个新手妈妈的挑战。现成的吐司面
包，加工成品的肉松，轻松满足基本的营养需求。
美味的南瓜快速蒸制，补充膳食纤维，为好动的宝
宝提供充足动力。

挑食宝宝的吃饭问题总是让爸爸妈妈头疼不已，如果你还在纠结怎么让孩子摄入均衡的营养，不妨试试这道菜吧。鲜翠的外表，清脆的口感，易于嚼咽的馅料，还能全面满足营养需要，轻松让宝宝胃口大开。

蔬菜做皮、肉做馅

圆白菜肉卷

🕐 30 分钟　🍽 简单

主料

圆白菜叶5片，猪肉末100克，莲藕50克，鲜香菇30克

辅料

葱适量，姜适量，料酒2茶匙，盐1克，生抽1茶匙，香油少许

营养贴士

圆白菜含水量高，并且富含多种维生素及微量元素，特别是钾、维生素C、叶酸等，再加上口感爽脆、纤维少，非常利于宝宝吞咽。

做法

1　圆白菜洗净，剥下完整的叶子；锅里水烧开，下入圆白菜叶，煮1分钟后捞出，浸泡在冷水中。

2　莲藕洗净、去皮，香菇洗净、去蒂，分别切成块；葱、姜分别切末待用。

3　将莲藕块和香菇块放入料理机，切碎。

4　将切好的莲藕和香菇加入肉末，放入葱姜末，加入料酒、盐、生抽，用筷子拌匀。

5　取一片圆白菜叶，切掉根部的茎，内侧向上，铺上约35克的肉馅，先将左右两边的菜叶叠向中间，再从一端卷起，收口朝下码放在盘中。

6　将卷好的菜卷放入烧开的蒸锅内，大火蒸20分钟，取出后淋上香油、撒少许葱花即可。

烹饪秘籍

1 生圆白菜如果不能完整地剥下整片叶子，可以将整棵都放入沸水中焯烫，焯水后再剥会容易很多。

2 选购时要挑选整体结实，拿在手上有分量，且外层叶片为绿色并富有光泽的圆白菜。

鲜嫩爽脆

肉末芥蓝

⏱ 20分钟　🍽 简单

🥬 芥蓝是绿色蔬菜中的一股清流，爽而不硬、脆而不韧，搭配肉末作为补充，平衡膳食，营养更全面。

主料

芥蓝150克，猪肉50克

辅料

料酒2茶匙，淀粉1茶匙，葱末适量，姜末适量，蚝油2茶匙，油2茶匙，盐少许

营养贴士

芥蓝富含有机碱，可以刺激味觉神经，有增进食欲，促进肠胃蠕动的作用，对于食欲不佳的宝宝，不妨在日常饮食中增加一点芥蓝来改善这个状况。

做法

1 芥蓝洗净，择去叶子，削去茎部的外皮，切成小片待用。

2 猪肉洗净后剁成肉末，调入料酒、蚝油、盐、淀粉，加入葱花和姜末，用手抓匀成肉馅。

3 锅内倒入油，烧至七成热时下入肉末，翻炒至变色。

4 加入芥蓝，翻炒均匀，加入1汤匙清水，调至小火，盖上锅盖，焖5分钟，出锅前调入盐，最后撒葱花即可。

烹饪秘籍

要选择鲜嫩的芥蓝，挑选原则是：茎部细直，叶片完整、颜色浓绿且没有黄叶及开花现象。

在滋滋作响的平锅里，面糊展开自然的圆形，形成酥脆的表皮，待到两面金黄、外脆内柔，鲜香兼备的美食就此制成。

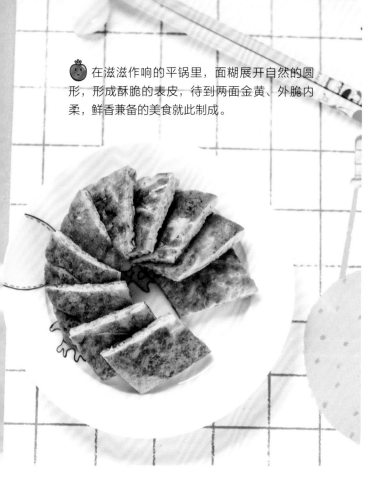

西葫芦鸡蛋饼

🕐 30 分钟　🍴 简单

主料
西葫芦半个（约200克），鸡蛋1个，面粉70克

辅料
盐1克，葱花适量，油少许

营养贴士

西葫芦富含维生素C、葡萄糖等营养物质，特别是钙的含量很高，且水分丰富，不仅利于消化，适口性好，还有很好的利尿效果。

做法

1 西葫芦洗净，取半个，用擦丝器擦成细丝，加入盐，腌制10分钟。

2 磕入鸡蛋、加入葱花，搅拌均匀。

3 加入面粉，用筷子顺着一个方向搅拌成均匀的面糊。

4 平底锅加热，倒入少许油，用勺子舀一勺面糊倒入锅内，用勺子摊成圆形。

5 盖上锅盖，用小火加热1分钟后翻面，重复这个步骤，直到两面全部煎至金黄。

6 出锅后切成小块，装盘即可。

烹饪秘籍

购买时要选择皮薄、肉厚、表面光滑、体形匀称的西葫芦，这样的西葫芦比较嫩，水分含量高，食用时可以不用去除内部的子。

漂亮又可口

口蘑西蓝花

⏱ 20分钟　🍴 简单

主料

西蓝花120克，口蘑50克，胡萝卜30克

辅料

油2茶匙，蚝油2茶匙，蒜末少许，盐少许，
葱花少许

营养贴士

口蘑含有多达10种以上的矿物质元素，
特别是硒、钙、镁、锌等的含量高于一
般的食用菌，且易于吸收，是很好的保
健食材。

口蘑，寄居在枯木上的白色精灵，丰沛
的鸟苷酸盐使其鲜味无可比拟。菌肉厚实，
质地细腻，加入翠绿的西蓝花、鲜艳的胡萝
卜，煸炒煨透，初尝丰润滑腻，细品嫩脆爽
口，更带来无尽的回味。

做法

1 西蓝花洗净、去根，
掰成小朵。

2 口蘑、胡萝卜洗净后
切片待用。

3 锅内加入足量水，烧
开后分别放入西蓝花、
胡萝卜，焯水1分钟后捞
出，沥干水分待用。

4 炒锅加入油，烧至八
成热，放入蒜末爆香。

5 下入口蘑片，调至小
火，煸炒至口蘑变色、
变软。

6 下入西蓝花、胡萝
卜片，翻炒均匀，加入
蚝油、少许清水，翻炒
一两分钟后调入盐，拌
匀，撒葱花即可。

烹饪秘籍

1 新鲜口蘑不易储存，一次不宜购买太多，在20℃左右的室温中，在不密封的
避光环境下可以储存两天。

2 尽量不要把口蘑放入冰箱，口蘑水分含量高，在冰箱内水分无法挥发，会令口
蘑表面非常潮湿从而导致腐败。

第三章　1～2岁　锻炼咀嚼能力的食物

是零食也是主食
燕麦菠菜鱼丸

⏱ 40分钟　👄 简单

主料

巴沙鱼肉150克，速食
燕麦片50克，菠菜50克

辅料

鸡蛋1个，淀粉1汤匙，
盐少许，白胡椒粉少许，
料酒少许，葱花少许

做法

1 巴沙鱼解冻后洗净，沥干
水分。

2 用刀将鱼肉剁成细腻的肉蓉。

3 菠菜洗净，去根后焯水30
秒，至菠菜变软后捞出，沥干
多余水分。

4 将冷却的菠菜切成细末。

5 将菠菜末、燕麦片加入鱼肉
泥中，打入鸡蛋，加入淀粉、
盐、白胡椒粉、料酒。

6 用手将鱼肉泥抓匀，用筷
子顺着一个方向搅拌至肉泥上
劲，呈有黏性的状态。

7 在手掌里放适量肉泥，用虎
口挤出大小合适的肉丸。

8 水烧至八成开后将火调小，
下入肉丸，注意水不要烧开，
将全部肉丸下锅后，大火煮开
至肉丸全部浮起，捞出，撒葱
花即可。

烹饪秘籍

巴沙鱼虽然没有小刺，但冷冻的巴
沙鱼片上仍有一些筋膜，在清理鱼
肉时可以用刀剔除残留的筋膜，这
样剁出的鱼蓉会更细腻，口感更好。

巴沙鱼没有小刺，做成鱼丸口感弹牙，可以直接作为宝宝的零食，也可以做三餐的配菜，是对付不爱吃饭的宝宝的不二法宝。

甜甜的香香的
南瓜核桃饼

⏱ 70分钟　🏷 简单

主料

南瓜150克，面粉200克，油15毫升，酵母粉2克

辅料

核桃仁15克，黑芝麻15克，白砂糖10克

营养贴士

核桃作为"四大干果"之一，其果仁营养丰富，含有蛋白质、脂肪、碳水化合物，能给人带来很强的饱腹感，也能为人体提供钙、磷、铁等矿物质。每日给宝宝食用适量的坚果，对其生长发育有着积极的作用。

做法

1　南瓜洗净，去皮，上蒸锅蒸25分钟后取出，用勺子压成南瓜泥。

2　取100克南瓜泥、加入面粉、油、酵母粉，揉成光滑的面团。

3　将面团放入盆中，盖上盖子，放在室温中发酵30分钟。

4　核桃仁、黑芝麻放入料理机打成末。

5　拌入白砂糖，混合均匀成馅料待用。

6　将发酵好的面团分成6等份，揉圆后擀成圆形的面片，包入馅料，捏紧收口，将收口向下，压平成饼状。

7　平底锅烧热，开小火，放入南瓜饼，每面烙约1分钟后翻面，直到两面烙至金黄即可。

烹饪秘籍

在选购时注意不要买到陈核桃，好的核桃闻起来有淡淡的木香，表皮呈现淡黄色，拿在手里有分量，剥开后果仁饱满、味道甘甜。

糕点，是孩子们无法抗拒的美食。精致的面点被灵巧的双手赋予生命。南瓜的添加不仅调和了色彩，也改善了糕饼的成分。坚果芝麻同样是孩子的挚爱，是成长过程中不可缺失的营养补充，择其上品添加其中，满满的爱意，不言自明。

不一样的寿司

蛋皮寿司卷

⏱ 30分钟　🖐 简单

主料

鸡蛋1个，米饭200克，胡萝卜50克，黄瓜50克，肉松适量

辅料

沙拉酱适量，油1茶匙

做法

1 鸡蛋磕入碗中，打散成均匀的蛋液。

2 平底锅烧热，倒入油，烧至七成热时调成小火，倒入蛋液并摇匀，让蛋液均匀分布在整个锅内，盖上锅盖，焖1分钟。

3 用锅铲小心翻面，将鸡蛋摊成蛋饼后盛出待用。

4 胡萝卜、黄瓜洗净后切成细丝；蛋饼铺平，切成正方形。

5 在案板上铺上保鲜膜，放上切好的蛋饼，并铺上米饭。

6 在米饭的1/3处均匀码上胡萝卜丝和黄瓜丝。

7 再挤上沙拉酱，铺上肉松。

8 小心地将蛋饼卷起，收口朝下，用蛋饼下的保鲜膜包起，将两端的保鲜膜拧紧，室温下定形10分钟，切片即可。

烹饪秘籍

在摊蛋饼时尽量选择不粘锅，并且在制作过程中一定要用小火，这样摊出来的蛋饼会比较平整。在卷起的时候要注意手法，不要弄破蛋皮。

来自东瀛的美食寿司，食材种类丰富，营养全面。针对这个年龄段宝宝的特点进行精心改良，蛋皮包裹住红红绿绿的新鲜美味，精制肉松可满足口味的需要，相较传统寿司繁多的调味方式，宝宝食用的蛋皮寿司仅用沙拉酱稍加佐味，即可让孩子们食指大动。

酥酥脆脆

地软素菜盒

🕐 90 分钟　🍽 简单

主料

干地软100克，泡发木耳60克，泡粉条50克，淡干虾皮10克，鸡蛋2个，面粉150克

辅料

油1汤匙，盐1克，香油1茶匙

做法

1　面粉放入大盆中，缓慢加入90毫升开水，边加边用筷子搅拌成面絮。

2　待降温后揉成光滑的面团，盖上盖子，室温下醒发30分钟。

3　木耳、粉条、地软提前泡发后洗净，沥干水分待用。

4　鸡蛋磕入碗中，打散成均匀的蛋液；锅内放油，烧至七成热后倒入蛋液，翻炒成鸡蛋块。

5　将木耳、粉条、地软、鸡蛋分别切碎后混合，加入虾皮、盐、香油，拌匀成馅料。

6　将醒发好的面团分成8等份，取一份面团揉圆后擀成圆形的面片，在面片的一半处放上馅料。

7　然后将另一半面片盖过来，将边缘捏紧，用食指和大拇指捏出花边。照此做完全部材料。

8　平底锅用小火加热，抹一层薄油，将做好的菜盒放入锅内，每1分钟翻面一次，将两面烙至金黄即可。

烹饪秘籍

一般我们购买的地软都是晒干的，在清洗之前，可以先把肉眼可见的杂质挑出来，然后用热水浸泡一两个小时，浸泡时最好盖上盖子，之后用清水淘洗三四遍即可。

这道辅食味道鲜美，制作方法简单，是一道可以轻松驾驭的美食。将传统菜盒惯用的韭菜馅替换为更适口的原料，松软宜嚼，香气扑鼻。咬开蒸腾着热气的菜盒，感受家的温暖。美食，是联系亲人之间情感的纽带。

用暄软的面饼包裹住细腻软滑的馅料，轻轻按压，萌萌的淡黄色小饼出现在掌心。等待高温烙熟，淡黄色的饼皮逐渐脆硬，呈现金黄，散发出阵阵香气。简单的食材做出的是难以抵挡的诱惑。

豆沙玉米饼

🕐 90分钟　🍴 简单

主料
面粉100克，玉米面50克，白砂糖10克，酵母粉2克

辅料
红豆沙120克

营养贴士

红豆富含膳食纤维及皂角苷，能够刺激肠道，帮助肠胃蠕动，起到促进消化的作用，可以作为主食，也可以搭配其他食材食用。

做法

1 面粉和玉米面混合均匀，加入白砂糖、酵母粉、90毫升水，揉成光滑的面团，盖上盖子，放置室温下发酵1小时。

2 发酵好的面团揉匀后，均分成8个面剂子。

3 取1个面剂子擀成面片，放上15克红豆沙，包好并捏紧收口。

4 将收口朝下，将面团压成饼状。如此做完所有材料。

5 电饼铛提前预热，放入包好的玉米饼，盖上盖子，将两面烙熟即可。

烹饪秘籍

红豆沙可以选择现成的，也可以自己动手制作：红豆浸泡一夜后煮熟，将红豆和煮豆子的水一起用破壁机打成泥状，放入平底锅内，每100克红豆加入30克糖、1汤匙油，用小火炒干水分即可。对糖量有特殊要求的可以自行增减。

鲜香嫩滑

海米蒸冬瓜

🕐 30分钟 🍴 简单

在水蒸气的运作下，热量均匀弥散在容器里，能够最大限度保证食材品相完整。蒸制过程中，玉脂般的冬瓜慢慢变得通透，海米的咸鲜也渗入其中，水汽的搬运让平淡的蔬果变化出神奇的魔力，这也是烹饪的魅力。

主料

冬瓜200克，海米20克

辅料

小葱2克，蒜2瓣，盐少许，香油1毫升

营养贴士

冬瓜中的矿物质含量丰富，其中钾的含量明显高于钠，属于高钾低钠的食物，对于正处于发育阶段、需要控制钠摄入量的宝宝来说非常适合。

做法

1 海米洗净，用清水浸泡4小时以上，中途换水一两次。

2 泡好的海米洗净，切末；蒜剥皮，切末；将蒜末和海米末拌匀。

3 冬瓜去皮、去瓤，切成5毫米左右的片，加入盐拌匀，腌制10分钟后沥干水分。

4 将冬瓜片均匀码放在盘中，上面铺上海米蒜末碎，放入烧开的蒸锅内大火蒸10分钟。

5 小葱切末，撒在出锅后的海米冬瓜上，并淋上香油即可。

烹饪秘籍

海米一般分为淡干海米和咸干海米，给宝宝做菜时尽量选择淡干海米，不含盐，口味更清淡，能最大限度保留虾肉的鲜味。

拿着吃的小饺子

鸡蛋素蒸饺

⏱ 50分钟　🍴 中等

主料

鸡蛋1个，韭菜100克，豆腐30克，鲜香菇20克，面粉100克

辅料

盐1克，香油少许，蚝油2茶匙，油1茶匙

营养贴士

饺子是非常传统的食物，里面的馅料搭配非常多样。在调配馅料时应做到荤素搭配，营养合理。

做法

1 面粉放入盆中，缓慢倒入70毫升开水，边倒边快速搅拌成絮状，待面絮冷却至不烫手后揉成光滑的面团，醒发20分钟。

2 鸡蛋磕入碗内，打散成均匀的蛋液；锅内倒油烧至七成热，倒入蛋液翻炒至熟。

3 韭菜洗净，沥干水分，切碎；豆腐、香菇分别洗净后切碎；炒熟的鸡蛋切碎。

4 所有馅料混合，调入盐、蚝油、香油，拌匀成均匀的馅料。

5 将面团揉搓成长条状，用刀切分成每个约20克的剂子。

6 将面剂子擀成圆形的面皮，包入馅料，将面皮四边向中心捏紧成四角形。

7 蒸锅烧开，放入包好的蒸饺，大火蒸8分钟即可。

烹饪秘籍

1 蒸制面食的时候，可以采取垫笼屉布、硅胶垫、晒干的玉米皮等方式来防粘。

2 尽量把饺子包小一点，这样便于宝宝抓握。

1岁多的宝宝，手指的运动能力已经很强了，更喜欢用手抓食物吃，这是他们对食物最原始的认知。在这个时期，准备一些方便抓取的食物很有必要。蒸制的面食表皮光滑不粘，适合拿取，馅料口味多样，百吃不厌，一定会成为宝宝挚爱的食物。

白色芋头上漂浮着五彩祥云。这道辅食不仅能带来视觉的愉悦，也能保护视力。胡萝卜中的胡萝卜素、玉米中的叶黄素，都有护眼明目的功效。五彩祥云，共同护佑宝宝健康成长。

芋头的别样吃法

五彩烧芋头

🕐 45分钟　🍴 简单

主料

芋头3个（约100克），干香菇10克，胡萝卜15克，莴笋15克，玉米粒15克

辅料

油2茶匙，淀粉适量，盐1克，鸡精1克，葱花少许

营养贴士

芋头的营养丰富，不仅含有淀粉，还富含矿物质及维生素，既可以当作主食，也可以作为配菜。但因为其淀粉含量较高，且不易消化，每次食用不宜过多，以免引起腹胀等不适症状。

做法

1 香菇提前泡发，洗净、去根；胡萝卜、莴笋洗净，去皮；玉米粒洗净，沥干水分待用。

2 芋头洗净，放入蒸锅蒸25分钟至熟。

3 香菇、胡萝卜、莴笋切成小丁；芋头冷却至不烫手后剥去外皮，切成小块。

4 炒锅加入油，烧至七成热，分别倒入胡萝卜、香菇煸炒至有香味，再放入莴笋和玉米粒，翻炒均匀后放入芋头块。

5 淀粉加入少许水调成水淀粉，倒入锅内，调至小火翻炒均匀，加入盐和鸡精，撒葱花即可。

烹饪秘籍

芋头的黏液对皮肤有刺激作用，会引起皮肤瘙痒，如果需要生剥芋头皮，最好戴上手套。

第四章

2~3岁
逐步尝试成人食物

白的白，绿的绿

粉丝菠菜

🕐 20分钟　🍽 简单

主料

菠菜100克，粉丝120克

辅料

盐1克，鸡精1克，醋1茶
匙，蒜末少许，油少许

做法

1 粉丝提前用冷水泡发，清洗
一两遍；菠菜去根后清洗干净。

2 将粉丝切成长段，菠菜切
成两段。

3 锅内加水烧开，分别放入
粉丝和菠菜，焯水1分钟后捞
出，沥干水分。

4 将粉丝和菠菜放入大碗中，
调入盐、鸡精、醋，拌匀。

5 将拌好的粉丝菠菜码放在
盘中，撒上蒜末。

6 锅内加入油，烧至八成热
后浇在蒜末上即可。若不喜欢
吃蒜，可以省去蒜末和浇热油
的步骤。

烹饪秘籍

在购买粉丝时要注意查看成分表，由绿豆制成的粉丝品质最
好，口感细腻，水煮不易烂，在食用前用冷水浸泡至柔软
即可。

这是一道清爽可口的美味辅食，富含膳食纤维的菠菜，爽口弹牙的粉丝，都需要宝宝努力咀嚼。在这个阶段，宝宝的食物构成进一步向成人转变，食材的改变有助于咀嚼能力的不断提升，满足成长发育的营养需求。

小时候幻想自己吃下一罐菠菜也能变得力大无穷。动画片中的情节当然不能成真，但菠菜肉饼的搭配确实能为孩子带来的满满的能量。自己动手，让宝宝变身成大力水手吧！

小肉饼，大能量

菠菜肉饼

🕐 35分钟　🍴 简单

主料

菠菜120克，猪里脊肉70克，面粉60克，鸡蛋1个

辅料

葱末2克，姜末2克，盐1克，鸡精1克，白糖少许，油适量

营养贴士

菠菜中的草酸含量很高，人体过量摄入会影响钙质的吸收，所以在烹饪前最好将菠菜焯水，这样易溶于水的草酸就会大幅减少。

做法

1 菠菜洗净，除根，放入沸水中煮1分钟，捞出，浸泡在冷水中冷却。

2 捞出冷却后的菠菜，沥干水分，切末；猪里脊肉洗净，擦干，剁成末。

3 将打散的鸡蛋和30毫升水加入面粉中，用筷子搅拌成均匀的面糊。

4 将菠菜末和猪肉末加入面糊中，加入所有调料后搅拌均匀。

5 不粘锅烧热，抹上薄薄一层油，调至小火，倒入1勺面糊。

6 每面煎1分钟后翻面，直到两面煎至金黄即可。

烹饪秘籍

菠菜含水量大，不易储存，如果一次买多了，可以用厨房纸轻轻包住叶片，再放入保鲜袋中，然后根部朝下，竖直放入冰箱，冷藏保鲜。

暗藏玄机的肉丸

肉丸鹌鹑蛋

🕐 40分钟　☐ 中等

一盘圆滚滚的肉丸子，不论是谁看到都会胃口大开。咬开之后内有玄机，肉馅里包着可爱的鹌鹑蛋。高蛋白强强联手，是促进骨骼、肌肉发育的强大动力。

主料

鹌鹑蛋10个，猪肉末250克

辅料

料酒1汤匙，盐1克，鸡精1克，生抽2茶匙，葱花2克，姜末2克，白糖少许，淀粉1汤匙，胡椒粉1克，香油少许，油适量

营养贴士

鹌鹑蛋富含蛋白质、脑磷脂、卵磷脂、维生素A、B族维生素及铁、磷、钙等营养物质，可补气益血，强筋壮骨。

做法

1　鹌鹑蛋煮熟后剥皮待用。

2　猪肉馅内加入所有调料，顺着一个方向用筷子搅拌至质地黏稠的状态。

3　取约30克的肉馅揉圆后在手掌中摊平。

4　放上剥皮的鹌鹑蛋，仔细地用肉馅将鹌鹑蛋包裹起来。

5　锅内放入足量的油，烧至五成热时，下入肉丸，小火炸至表面金黄后捞出。

6　用厨房纸吸去多余的油脂后对半切开即可，可以点缀薄荷叶。

烹饪秘籍

鹌鹑蛋外壳有天然的保护层，在常温下也能存放1个月，如放入冰箱储存，要采用大头朝上、小头朝下的方式放置，这样可以使蛋黄上浮贴在气室下，防止微生物侵入。

排骨，是一种有故事的食材，承载了太多美味的记忆。选择尺寸合适的小排，不但肉质鲜嫩、多汁味美，而且不必考虑餐具的使用，方便动手抓取。宝宝的美食之旅，就从此开始吧。

小排骨大讲究

胡萝卜烧排骨

🕐 60分钟　　🍽 中等

主料
猪小排250克，胡萝卜100克，土豆50克

辅料
葱段适量，姜片适量，桂皮适量，八角1个，料酒1汤匙，酱油1汤匙，白砂糖2茶匙，盐适量，油1汤匙，小葱段少许

营养贴士

猪排骨不仅富含蛋白质、脂肪、维生素，还含有大量的磷酸钙、骨胶原、骨黏蛋白，味道鲜美，也不会过于油腻，在补充能量的同时也能补钙。

做法

1　小排洗去血水后切成小段；胡萝卜、土豆洗净、去皮，切成滚刀块。

2　锅内放入油，烧至六成热，倒入排骨，炒干水气。

3　加入酱油、白砂糖、料酒，炒香上色。

4　加入葱、姜、桂皮、八角、土豆块、胡萝卜块。

5　加入没过所有原料的水，烧开后调至小火，盖上锅盖，炖煮40分钟。

6　出锅前加入盐，拣去葱、姜、八角、桂皮后，装盘，撒葱段点缀即可。

烹饪秘籍

排骨的血水如果不能清除干净，在烹饪时会有很大的腥味。处理时可以在排骨中加入适量淀粉或面粉，用手揉搓后再用流动的水冲洗几遍，就能轻松除掉残留的血水了。

先吃糯米再吃肉

糯米蒸排骨

🕐 90分钟　🍴 中等

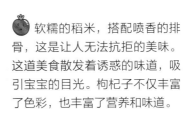

🍅 软糯的稻米，搭配喷香的排骨，这是让人无法抗拒的美味。这道美食散发着诱惑的味道，吸引宝宝的目光。枸杞子不仅丰富了色彩，也丰富了营养和味道。

主料

猪小排200克，糯米150克，枸杞子5克

辅料

料酒1汤匙，生抽2茶匙，老抽2茶匙，白砂糖1茶匙，葱段适量，姜片适量，盐1克，鸡精1克

营养贴士

糯米富含蛋白质、脂肪、糖类以及钙、磷、铁等营养元素。但糯米中的淀粉为支链淀粉，虽然口感软糯有黏性，却比较难于消化水解，肠胃功能较弱的宝宝应尽量少食。

做法

1　糯米提前浸泡8小时以上；枸杞子洗净待用。

2　排骨洗去血水，切段，加入所有调料拌匀，腌制1小时。

3　将泡好的糯米拌入腌好的排骨中，拌匀，让糯米均匀包裹住排骨。

4　将糯米排骨码放在盘中，放入烧开的蒸锅内蒸1小时。

5　出锅前5分钟撒入枸杞子点缀即可。

烹饪秘籍

1 糯米要储存在干燥、阴凉、通风的密封环境中，在闷热潮湿的夏季，应放于冰箱冷藏室中保存。
2 糯米食品要趁热食用，冷却后会影响口感，也难于消化。

猪肝是铁含量丰富的食材之一，能够为人体提供充足的造血元素，是预防贫血的食疗佳品。相比服用各种补剂，从食物中获取必需的营养元素才是我们的首选。

菜花熘猪肝

🕐 40 分钟　🍽 简单

主料
菜花200克，猪肝150克

辅料
姜末适量，葱末适量，蒜末适量，料酒1汤匙，生抽1汤匙，盐1克，油2茶匙，小葱段少许

营养贴士

菜花富含维生素C和B族维生素，钙含量更是可与牛奶媲美。菜花中还含有较多的膳食纤维和水分，在促进肠胃蠕动、帮助消化的同时，能够有效补充水分。

做法

1　猪肝洗去血水，切片后加入葱、姜、蒜、料酒拌匀，腌制30分钟。

2　菜花掰成小朵，洗净，放入沸水中焯水1分钟后捞出，沥干水分。

3　锅内加入油，烧至五六成热时，下入腌好的猪肝片，翻炒至变色。

4　倒入菜花，加入生抽翻炒，调至小火，盖上锅盖，焖2分钟，出锅前加入盐，最后撒小葱段点缀即可。

烹饪秘籍

1 在选购时要挑选花球完整，颜色洁白微黄，没有黑点，无异味的菜花。
2 菜花焯水捞出后应放入凉开水中冷却，再沥干水分待用，这样能保持菜花的爽脆口感。

酸甜可口
菠萝鳕鱼丁

🕐 15 分钟 　 简单

主料

鳕鱼200克，菠萝100克，黄瓜50克

辅料

油1汤匙，葱花适量，姜末适量，盐1克，淀粉2茶匙

当富含脂肪的鱼肉碰上酸酸甜甜的菠萝，就注定了这是一次令人惊艳的相遇。没有腥味的困扰，鳕鱼本就是宝宝钟爱的美食，辅以酸甜的菠萝，如此诱惑，怎能抗拒？

营养贴士

鳕鱼多来自深海，不仅蛋白质含量高，还没有腥味，肉质细嫩，易于吞咽，而且鳕鱼没有过多的小刺，特别适合给宝宝食用。

做法

1 鳕鱼解冻后，去皮、去骨，切成丁，加入淀粉，用手抓匀。

2 黄瓜洗净后切丁，菠萝切丁待用。

3 锅内加入油，烧至六成热时加入葱花、姜末爆香。

4 倒入鳕鱼丁，翻炒至变色。

5 加入黄瓜丁和菠萝丁，倒入少许水，调至小火，再炒2分钟后调入盐，最后点缀葱花即可。

烹饪秘籍

在国内市场上，那些肉质洁白、少刺的鱼，通常都会被商家称作鳕鱼。怎样确保买到的鳕鱼品质可靠？在挑选时首先要查看产品标识，正规的产品都会标注准确的产品名，如黑鳕鱼、狭鳕鱼、银鳕鱼等；其次看产地，鳕鱼多产自大西洋及太平洋沿岸国家及地区，如冰岛、俄罗斯、阿拉斯加等。

第四章　2～3岁　逐步尝试成人食物

菌香鱼鲜最美味

杂菌三文鱼柳

⏱ 25分钟　🍴 简单

做法

1 三文鱼洗净，沥干水分，切成鱼柳，加入胡椒粉拌匀，腌制10分钟。

2 杏鲍菇、蟹味菇、香菇分别去根，洗净后沥干水分。

主料

杏鲍菇80克，蟹味菇80克，鲜香菇50克，三文鱼150克

辅料

胡椒粉少许，蒜末2克，姜末1克，葱花2克，油2茶匙，盐1克，小葱段少许

3 杏鲍菇切成薄片，香菇切片，蟹味菇撕成小朵。

4 锅内加入油，烧至五成热，下入蒜末、姜末、葱花爆香。

5 下入杏鲍菇、蟹味菇、香菇，炒干水分。

6 下入腌好的鱼柳，翻炒至鱼柳变色后再炒1分钟，加入盐，可撒少许小葱段点缀即可。

营养贴士

杏鲍菇富含蛋白质，包括人体必需的8种氨基酸，而脂肪含量却很低，能有效促进胃酸分泌，不仅味道鲜美，口感特殊，还能提高人体免疫力，帮助消化，缓解积食症状。

烹饪秘籍

杏鲍菇的挑选方法，一看：看菌盖尺寸，要选择菌盖小，如帽子般盖着菌柄的；菌盖开裂、边缘不整齐的不要。二闻：杏鲍菇应有杏仁味，没味道或有异味的不要。三量：挑选长度在12~15厘米的杏鲍菇，太长的内部发空，太短的还未长成。

🫐 杂菌一锅烩，蘑菇开大会喽！多种菌类混合，带来丰富鲜香的味觉体验。为孩子准备的鱼肉类一定要烧熟，腌渍入味的鱼柳与菌菇共同烹制，彼此融合，香气四溢。谁说三文鱼只有刺身一种做法呢？

美味鱼肉卷

海苔鲈鱼卷

⏱ 30分钟　白 简单

主料

鲈鱼肉250克，莲藕50克，海苔1张

辅料

姜末1克，葱末2克，淀粉2茶匙，胡椒粉少许，盐1克

做法

1 鲈鱼洗净，清除内脏、剥去鱼皮，剔下鱼肉，切丁。

2 莲藕洗净后削皮，切丁。

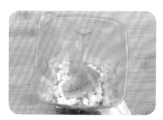

3 将鲈鱼丁、莲藕丁放入破壁机，打成均匀的鱼肉泥。

4 在鱼肉泥中加入葱姜末、胡椒粉、盐、淀粉，用筷子顺着一个方向搅拌均匀。

5 将海苔平铺在案板上，将鱼肉泥均匀地铺在上面。

6 从一端卷起海苔，卷成卷后放入烧开的蒸锅内，小火蒸12分钟。

7 将蒸好的海苔鲈鱼卷切片后即可食用。

烹饪秘籍

在挑选时要选择鱼身呈青色、鱼鳞有光泽，鱼鳃鲜红、鱼眼清澈不混浊，用手按压鱼身能感觉到明显弹性的鲈鱼。

利用有限的食材来丰富孩子的一日三餐。食材可以不变，但烹饪方法一定要勇于创新。所以拿到鲈鱼别再清蒸了，换一种做法，给孩子带来一次全新的体验吧！

最鲜美的蒸蛋

杏仁蛤蜊蒸蛋

🕐 20分钟　🍽 简单

主料

蛤蜊干30克，鸡蛋2个，巴旦木5克

辅料

料酒1汤匙，生抽2茶匙，盐1克，香油适量

做法

1　蛤蜊干提前浸泡2小时泡发，泡好后清洗几遍，洗去泥沙，加入料酒腌制30分钟。

2　将腌好的蛤蜊放入沸水中焯水1分钟后捞出，沥干水分待用。

3　将蛤蜊切成末、巴旦木切碎。

4　鸡蛋打入碗中，用筷子打散成均匀的蛋液，加入100毫升清水，拌匀后过筛。

5　将蛤蜊末加入过筛后的蛋液中，加入盐，轻轻拌匀。

6　将容器封上耐热保鲜膜，在保鲜膜上用牙签扎上几个小孔。

7　放入烧开的蒸锅内，调至小火，蒸10分钟。

8　将生抽和香油淋在蛋羹上，撒上巴旦木碎即可。

烹饪秘籍

1 蛤蜊干在泡发前应先用清水洗去表面的杂质和灰尘，然后放入冷水中浸泡，尽量不要用热水浸泡，虽然热水泡发的速度更快，但却会流失更多的营养。

2 泡好的蛤蜊干要注意清除其沙袋，即蛤蜊上黑色的部分。

蒸蛋羹大概是每个人小时候最熟悉的早餐，对于已经逐渐有了自己想法的宝宝，每天都吃一样的蒸蛋羹未免过于单调，不妨试试在蛋羹中增加不同的食材来丰富口感。添加肉类及海鲜可以令蛋羹味道更加鲜美。

浓香多汁

双菇烧豆腐

🕐 30分钟 🍴 简单

主料

北豆腐150克，平菇60克，鲜香菇60克，胡萝卜20克，青椒20克

辅料

油3汤匙，葱花少许，蒜片少许，酱油1茶匙，盐1克，淀粉2茶匙

做法

1 豆腐洗净后切成约1厘米厚的片。

2 香菇、胡萝卜洗净后切片；平菇洗净后撕成小瓣；青椒洗净后切块。

3 锅内倒入油，烧至五成热，调至小火，放入豆腐片，炸至两面金黄后捞出，用厨房纸吸去多余油分。

4 在锅内留少许油，放入葱花、蒜片爆香，倒入平菇、香菇煸炒出水分。

5 倒入胡萝卜和青椒，继续翻炒1分钟。

6 倒入豆腐片，加入酱油，翻炒均匀。

7 淀粉加入适量水调成水淀粉，倒入锅内，收干汤汁，加入盐炒匀，最后点缀葱花即可。

烹饪秘籍

要选择掂在手里有分量的平菇，还要仔细观察一下菌盖的大小，以直径5厘米左右为宜，太大的生长时间较长，并不好吃。

一道菌香和豆香相辅相成的菜品出锅啦！菌类特有的香气在烹调中融入豆腐内的细密小孔中，一口咬下去，鲜嫩多汁，香气四溢，即使是挑食的宝宝也难以抵挡这样的美味诱惑！

水果蔬菜一起吃

芋头鲜果豆腐丁

⏱ 40分钟　🍴 简单

主料

北豆腐100克，芋头1个（约50克），木瓜50克，火龙果50克，青椒20克，红椒20克

辅料

油1汤匙，番茄酱10克，醋1茶匙，白砂糖1茶匙，淀粉1茶匙，盐1克

做法

1 芋头洗净后上蒸锅蒸20分钟至熟，冷却后剥皮，切丁待用。

2 木瓜剥皮、去子，切丁；火龙果去皮、切丁；青红椒洗净，去子、切丁。

3 豆腐冲洗干净后擦干水分，切丁。

4 锅内倒入油，烧至五成热时放入豆腐丁，用小火炸至金黄后，捞出，用厨房纸吸去多余油脂。

5 锅内留少许油，倒入青红椒，炒至变色、变软，倒入豆腐丁和芋头丁炒匀。

6 将番茄酱、醋、白砂糖、淀粉混合，加入1汤匙水，调成均匀的酱汁，倒入锅内快速翻炒。

7 倒入木瓜丁和火龙果丁，加入盐，翻炒均匀即可，可以点缀薄荷叶。

烹饪秘籍

1 成熟的木瓜不易存放，所以在选购时应挑选颜色偏青，未完全变黄的木瓜，在室温下存放一两天后再食用。

2 木瓜是一种热带水果，比较怕冷，冰箱内外的温差会在木瓜表面形成冷凝水，导致出现黑斑，影响品质和口感，所以不建议放入冰箱储存。

炸成金黄的豆腐丁，在酥脆的外表下有一颗柔软的心，在鲜果和番茄酱的搭配下，豆腐不再是非咸即辣的菜肴，而是咸鲜可口、酸甜美味的全能选手。

漂亮又营养
番茄豆腐汤

⏱ 15分钟　🍴 简单

🍅 这是一道再普通不过的汤了，虽然简单却不失营养。豆腐能补充钙质，番茄能提供维生素，而白色和红色的搭配也让人眼前一亮。

主料

南豆腐100克，番茄1个（约150克），小白菜2棵（约30克）

辅料

盐少许，葱花少许

营养贴士

番茄中富含胡萝卜素、B族维生素及维生素C，是一种低热量高营养的蔬菜，成熟的番茄可以生吃，也可以作为日常菜肴的原料，酸甜的味道能够促进孩子的食欲。

做法

1 番茄洗净后去皮、切片；小白菜去根后洗净，切成小段。

2 豆腐用水稍微冲洗后，切成块。

3 锅内加入足量水，烧开后下入豆腐块和番茄。

4 再次烧开后调成小火，下入小白菜段，继续煮一两分钟后，调入盐，点缀葱花即可。

烹饪秘籍

自然成熟的番茄形状圆润，颜色红润，表皮薄且按压有弹性，挑选时要选择果形大小适中、无裂口及虫咬、颜色红润的，底部果蒂圈圈小的番茄水分更多。

口感独特
意面水果沙拉

⏱ 15分钟　🍽 简单

主料

贝壳意面80克，苹果50克，梨50克，猕猴桃40克

辅料

沙拉酱适量，橄榄油1茶匙，盐2克

营养贴士

意大利面采用的是最硬质的小麦品种——杜兰小麦，所以面条口感偏硬，有嚼劲，耐煮，并且具有高密度、高蛋白质、高筋度的特点，可以有效补充能量。

🍅 水果沙拉和意大利面这两个不同风格的菜品，搭配在一起会碰撞出怎样的火化呢？意面提供足够的碳水化合物，时令水果弥补了维生素的不足，它们相辅相成，互帮互助，这就是友谊的最好诠释吧。

做法

1 锅内放入足量的水，烧开后加入橄榄油、盐，下入意面，调成小火，保持沸腾状态煮七八分钟。

2 将煮好的意面捞出，沥干水分，滴入几滴橄榄油拌匀。

3 苹果、梨、猕猴桃洗净后去皮，切成1.5厘米见方的丁。

4 将水果丁拌入意面中，加入沙拉酱，拌匀即可，也可以点缀薄荷叶。

烹饪秘籍

1 意大利面的形状非常多，对于还在使用勺子的宝宝，尽量选择短小的意面，比如贝壳面、螺旋面、短通心粉等，也可以选择有更多丰富造型的儿童意面。

2 煮好的意面加入几滴橄榄油，可以有效防止面条粘连。

饭菜一锅烩

酱油鸡肉炒饭

🕐 25分钟　☐ 简单

主料

米饭1碗（约200克），西蓝花40克，鲜香菇20克，鸡胸肉50克

辅料

葱花适量，生抽1茶匙，老抽1茶匙，蚝油1茶匙，料酒1茶匙，白糖半茶匙，黑胡椒粉1茶匙，油2茶匙

做法

1 鸡胸肉洗净并擦干水分，切丁，加入黑胡椒粉拌匀，腌制15分钟。

2 西蓝花洗净，切成小朵，放入烧开的水中焯半分钟，捞出，用凉水冲洗降温后沥干水分。

3 香菇洗净后切丁；将生抽、老抽、蚝油、料酒、白糖放入碗中混合，加入小半碗水，调成料汁。

4 锅内加入油，烧至五成热时放入香菇丁，煸炒出香味，至香菇变软后倒入料汁，小火煮1分钟。

5 倒入腌好的鸡丁，翻炒至鸡肉变色。

6 倒入西蓝花翻炒均匀。

7 倒入米饭，翻炒均匀后盖上锅盖，小火焖1分钟。

8 收干汁水后盛出，撒上葱花点缀即可。

烹饪秘籍

1 做炒饭的米饭最好用隔夜的剩饭，这样的米饭已经蒸发掉部分水分，炒出来的米饭会一粒一粒分开，口感比较好。

2 在最后焖的过程中要注意火候，对火候掌握不好的时候，可以不时地翻炒一下，以免煳锅。

剩饭和随手抓来的食材就能成就
一顿有饭又有菜的营养餐。有想法的
你不妨尝试加入不同的蔬菜和肉类来
均衡营养和口感，即使工作再忙也能
给孩子最贴心的关怀。

🍅 鹰嘴豆吸收了浓浓的番茄汁，不仅鲜嫩多汁，还很有嚼头。让宝宝一边数着豆子一边吃，吃饭的过程也变得有趣起来。宝宝快看！鹰嘴豆在向你点头呢，快来数数自己能吃几个吧！

茄汁鹰嘴豆

🕐 50分钟　🍴 简单

主料

鹰嘴豆150克，番茄1个（约120克）

辅料

油2茶匙，葱花少许，白砂糖1茶匙，番茄酱1汤匙，盐1克

营养贴士

鹰嘴豆是一种高蛋白的食物，并富含不饱和脂肪酸、膳食纤维、多种微量元素及维生素，被誉为"粗粮中的珍珠"。

做法

1　鹰嘴豆提前浸泡12小时，将泡好的鹰嘴豆冲洗几遍。

2　番茄洗净后去皮，切成小丁。

3　锅内倒入油，烧至五成热，下入葱花爆香，倒入番茄丁，炒至番茄丁变软出汁，加入番茄酱翻炒均匀。

4　加入鹰嘴豆，翻炒均匀后倒入适量清水，加盖，小火煮40分钟。

5　加白砂糖、盐，大火收汁即可。

烹饪秘籍

鹰嘴豆有一层厚厚的皮，吃的时候比较影响口感，浸泡过夜的豆子表皮膨胀，用手轻轻一搓就可以剥下外皮了，在烹饪前可以把豆子皮都剥去。

香喷喷的米饭

香菇焖饭

🕐 60分钟　🍴 简单

主料

大米150克，鲜香菇40克，胡萝卜30克，青豆30克，猪里脊肉60克

辅料

酱油2茶匙，油2茶匙，料酒2茶匙，淀粉2茶匙，胡椒粉少许，盐少许，葱花少许

🥕 把所有食材和大米一股脑放入电饭锅，按下开关，就能在快节奏的生活中腾出四十分钟的碎片时间。这个时候可以陪孩子看看书，或者聊聊今天的趣闻……美好的亲子时光永远是孩子童年最温馨的记忆。

营养贴士

香菇富含脂溶性维生素D，用含有油脂的猪肉做配菜，不仅能促进维生素D的吸收，也能让整个焖饭的味道更香。

做法

1 大米洗净，放入电饭锅，加入没过米约1厘米的水。

2 香菇、胡萝卜洗净，切丁；青豆洗净，沥干水分待用。

3 猪里脊洗净后切成小丁，加入料酒、胡椒粉、淀粉，用手抓匀后腌制15分钟。

4 锅内加入油，烧至五成热时下入猪肉丁，翻炒至猪肉变色。

5 再倒入香菇、胡萝卜、青豆，加入酱油、盐，调至小火，翻炒均匀。

6 将炒好的蔬菜肉丁倒入电饭锅，将米和菜拌匀，开启电饭锅，将米饭蒸熟，撒葱花即可。

烹饪秘籍

如果想吃锅底的锅巴，可以在电饭锅完成蒸饭流程后，再次开启蒸饭模式，继续蒸10～15分钟后关闭，就可以吃到锅底脆脆的锅巴了。

令人唇齿留香的一碗饭

香芋红烧肉糙米饭

⏱ 90分钟 👐 中等

主料

大米100克，糙米50克，五花肉100克，芋头100克，小白菜2棵（约40克）

辅料

葱段适量，姜片适量，桂皮1块，八角1个，白砂糖1汤匙，酱油1汤匙，料酒2茶匙，盐2克

营养贴士

糙米没有经过精加工脱壳，保留了稻米外层组织中的很多营养元素。糙米中的维生素E和膳食纤维分别是精白米的10倍及14倍，营养更丰富。

做法

1 糙米提前一夜浸泡，大米洗净后跟糙米混合，放入电饭锅，加入没过米约1厘米的水。小白菜去根后洗净；芋头洗净后去皮，切块待用。

2 五花肉洗净，放入冷水中，烧开后煮半分钟，撇去血水。

3 将五花肉用凉水冲洗冷却，切成小块。

4 锅用小火烧热，倒入白砂糖，炒至糖融化且颜色变深，出现气泡时关火。

5 倒入200毫升开水，再下入肉块和除盐、酱油外的所有调料。

6 大火烧开后撇去浮沫，下入芋头块，改小火烧20分钟，加入盐及酱油调味，收干汁水。

7 将烧好的芋头红烧肉倒入米中，拌匀，开启电饭锅。

8 电饭锅完成蒸米饭前5分钟，放入小白菜，焖至米饭蒸好，撒葱花即可。

烹饪秘籍

要选择米粒均匀、颜色均匀、无霉变、无异味的糙米，用手摸上去没有油腻感，以没有粉类，轻碾米粒不碎的为宜。

芋头和红烧肉在锅内短时间的亲密接触，让芋头有了肉香，让红烧肉更加软糯，搭配混了糙米的大米饭，在保证营养全面的同时，也能更好地锻炼孩子的咀嚼能力。

空心的面条好神奇

牛肉炒意面

⏱ 30 分钟　白 简单

主料

通心意面70克，番茄1个（约120克），紫洋葱半个（约80克），牛里脊肉60克，青椒50克

辅料

白糖1茶匙，黑胡椒粉2克，油2茶匙，橄榄油1茶匙，盐1茶匙，淀粉1茶匙，料酒2茶匙，小葱段少许

营养贴士

意面作为主食能有效补充能量，但营养不够全面。在选择配餐食材时，要确保蛋白质及维生素的摄入量，可以选择一种肉类搭配两三种蔬菜，来确保摄入的营养平衡。

做法

1 牛里脊肉洗去血水，擦干水分，切成丝，加入料酒、淀粉，用手抓匀后腌制15分钟。

2 番茄洗净后去皮，切成小丁；洋葱洗净后切成小丁；青椒洗净后去子，切成丝。

3 锅内水烧开，加入1茶匙橄榄油和3克盐，下入意面煮8分钟，捞出，沥干水分待用。

4 炒锅烧热，加入油烧至五成热，下入洋葱丁煸炒出香味后下入牛肉丝翻炒至变色。

5 加入番茄丁，炒出汁水后加入青椒丝、白糖、黑胡椒粉，调至小火，煮10分钟。

6 待汁水收至一半时下入意面，调入2克盐，翻炒均匀，最后撒葱段即可。

烹饪秘籍

在处理牛肉时，要除去肉表面的筋膜，横着牛肉的纹路切，要选用锋利的刀具，采取推拉的方式将肉切下。

空心面是意大利面的经典造型，选取短小的通心面段给孩子食用，在锻炼宝宝使用餐具的协调性的同时，也增加了宝宝吃饭的乐趣。

漂亮的双色饺子

翡翠饺子

🕐 60分钟　白 高级

主料

面粉200克，菠菜汁60毫升，盐1克，小白菜200克，韭菜50克，猪腿肉100克

辅料

料酒1茶匙，香油2茶匙，生抽1茶匙，姜末2克，葱末2克，盐2克

做法

1 将面粉和盐混合均匀后分成两等份，分别和60毫升菠菜汁、50毫升水混合，揉成均匀的面团，室温下松弛30分钟。

2 小白菜洗净、去根，放入沸水中焯烫2分钟，捞出后挤干水分，切碎；韭菜择洗干净，切碎。

3 猪腿肉洗净后剁成肉末，加入所有辅料拌匀，加入白菜和韭菜，搅拌成馅料。

4 将白色面团揉成长条，绿色面团擀成同样长度的面片。

5 用绿色面片包住白色面条，滚成双色的长条。

6 将面条切成大小合适的剂子，擀成饺子皮。

7 取适量饺子馅放入饺子皮，包成饺子。

8 将包好的饺子煮熟即可。

烹饪秘籍

用绿色面团包裹白色面团时，一定要确保白色位于中心位置，这样做出来的饺子皮才最漂亮。

饺子是团圆的象征。现在的生活条件已今非昔比，饺子也是什么时候想吃就可以吃的普通料理了。在做饺子时花点心思，除了更换馅料外，还可以试试在饺子皮上做一些文章。

浓浓坚果香

坚果南瓜饼

🕐 90分钟　🍴 中等

主料

面粉200克，南瓜泥120克，牛奶40毫升，白砂糖20克，酵母粉3克

辅料

混合坚果50克，红糖40克

做法

1 面粉加入南瓜泥、牛奶、白砂糖、酵母粉，揉成光滑柔软的面团，盖上盖子，在室温下发酵1小时。

2 混合坚果和红糖，放入料理机打碎，混合成均匀的坚果红糖碎。

3 将发酵好的面团排气后擀成薄片，将坚果红糖碎均匀地撒在面片上。

4 从一端卷起，卷成长条。

5 将卷好的长条从一端向内卷起，卷紧收口。

6 用擀面杖轻轻擀开成圆饼状。

7 电饼铛预热，放入饼坯，盖上盖，将两面烙至金黄。

8 将烙好的饼切块装盘即可。

烹饪秘籍

要选择原味的混合坚果，不要选择添加了盐等调味料的，也可以自己购买生坚果，用炒锅炒熟或用烤箱烤熟。

南瓜糖饼里充满着儿时的甜蜜回忆。咬开热腾腾的糖饼，混合着坚果颗粒的红糖泛着诱人的光泽，让人垂涎三尺。不过一定要提醒宝宝小心，不要烫了嘴和手哦。

鲜香可口

海鲜山药饼

⏱ 50分钟 ☺ 简单

主料
怀山药250克，基围虾
100克，鲜香菇30克，
面粉50克

辅料
盐1克，黑胡椒粉1克，
葱末2克，油适量

做法

1 山药洗净，切成段，放入
烧开的蒸锅蒸20分钟。

2 基围虾洗净，去壳，挑去
虾线，沥干水分待用。

3 将洗好的虾用刀剁成虾蓉；
香菇洗净，擦干，剁成末。

4 蒸好的山药冷却至不烫手
后剥去外皮，用压泥器压成山
药泥。

5 将虾蓉、香菇碎、面粉加
入山药泥中，再调入盐、黑胡
椒粉、葱末，用手抓匀。

6 取适量山药泥放入手心，
整形成圆饼形状。

7 平底锅倒入油，烧至五
成热，调至小火，放入山药
饼，每面煎1分钟后翻面，直
到两面煎至金黄即可。

烹饪秘籍

1 用牙签插入虾背第二节处，轻轻挑起虾线，用手拽出全部虾
线就可以了。
2 整形山药饼的时候可以在手掌处抹上一点油防粘，也可以戴
上一次性手套操作。

一个是深埋沙土、朴实无华的陆地植物，一个是畅游深海、鲜美细嫩的海洋生物，当它们相遇，口感和味道的反差却成就了这道美味！丰富的蛋白质和淀粉能提供足够的能量，这就是化腐朽为神奇的力量吧！

土豆的华丽变身

培根土豆沙拉

🕐 35 分钟　🍴 简单

主料

土豆150克，培根2片（约40克），紫洋葱半个（约100克）

辅料

油1茶匙，盐1克，黑胡椒粉1克，沙拉酱1茶匙

营养贴士

培根中的脂肪、胆固醇及矿物质盐的含量比较高，不适合经常给孩子食用，但可以添加少许到比较单一的主食中，以丰富其风味及营养。

做法

1 土豆洗净，放入烧开的蒸锅内蒸25分钟。

2 将蒸好的土豆剥皮，切成小丁。

3 洋葱洗净、去皮，切丁；培根切丁待用。

4 锅内加入油，烧至五成热，下入洋葱丁，炒出香味。

5 下入培根丁，炒至培根变色，加入黑胡椒粉，炒匀后盛出。

6 将炒好的培根和洋葱倒入土豆丁中，加入盐，用筷子拌匀，挤上少许沙拉酱即可。

烹饪秘籍

挑选培根时，要选择色泽光亮，瘦肉颜色鲜红或暗红，肥肉呈乳白色或透明，表面干爽没有斑点，用手按压能感觉到肉质结实有弹性的培根。

土豆看起来其貌不扬，却可以为人类提供多种必需的营养素。将蒸熟的土豆切丁，加入煸炒出香味的培根丁，在丰富口感和营养的同时，也更加赏心悦目。这么有趣美味的食物定会讨小朋友的欢迎！

会拉丝的土豆泥

时蔬焗土豆泥

🕙 55分钟 🍴 简单

主料

土豆250克，牛奶50毫升，西蓝花30克，鲜香菇20克，胡萝卜20克，玉米粒20克

辅料

黑胡椒粉1克，盐1克，马苏里拉奶酪碎50克

做法

1 土豆洗净，去皮，切片后放入蒸锅内，蒸30分钟。

2 西蓝花洗净，掰成小朵；玉米粒解冻，洗净；香菇、胡萝卜洗净后切丁，分别放入沸水中焯1分钟，捞出沥干。

3 用压泥器将蒸熟的土豆压成泥，分次加入牛奶，并搅拌成均匀的泥状。

4 在土豆泥中加入一半的蔬菜丁，并加入盐、黑胡椒粉，拌匀。

5 取一半的土豆泥，铺入耐热容器，撒上一半的奶酪碎。

6 再铺上另一半土豆泥，撒上剩下的蔬菜丁和奶酪碎。

7 放入200℃预热好的烤箱，烤10分钟即可。

烹饪秘籍

在选择马苏里拉奶酪时，要注意查看成分表，要选择由牛奶直接发酵制成的天然奶酪，不要选择再制干酪。再制干酪口感和香味远不及天然奶酪，拉丝效果也逊色很多。

土豆泥是小朋友非常喜欢的零食，但口感、营养、外观都过于单一。这道加了料的土豆泥，非常适合已经可以自己吃饭的小朋友，一勺子挖下去，既能吃到混着蔬菜的土豆泥，还能拉出长长的奶酪丝，吃饭也变得有趣起来。

提起薯条，大部分人的第一反应就是不健康。为了让孩子吃上健康低脂的薯条，不妨试着用烤箱来制作。非油炸、更健康。

健康薯条

椰蓉双薯条

🕐 40分钟　　🍴 简单

主料

红薯150克，紫薯150克

辅料

油2茶匙，椰蓉少许

营养贴士

红薯和紫薯都富含糖类，可以搭配蔬果及富含蛋白质的食物，这样才能确保营养平衡；也可以搭配一些肉类，能有效促进脂溶性胡萝卜素的吸收。

做法

1 红薯、紫薯洗净后去皮，切成1厘米粗细的长条。

2 将薯条放入保鲜盒，加入油，盖上盖子，轻轻摇匀。

3 打开保鲜盒，加入椰蓉，盖上盖子，再次轻摇，让每个薯条都粘上椰蓉。

4 烤箱220℃预热好，将薯条均匀码放在烤盘上，烤30分钟即可。

烹饪秘籍

红薯不耐低温，受冻后会形成硬心，也不宜放置在温度过高的地方，高温会令红薯生芽。为了延长红薯的储存期，可以用报纸把红薯包起来，放在阴凉通风处。

第五章

4～7岁
合理搭配的健康餐

虾皮拌空心菜 + 小米粥

⏱ 10分钟 +45分钟 🍴 简单

主料

空心菜250克，淡干虾皮5克

辅料

油1汤匙，花椒少许，姜片2片，葱段少许，盐1克，鸡精1克

做法

1 空心菜洗净、去根，放入沸水中焯水1分钟。

2 将焯好的空心菜放入凉开水中过凉，捞出，沥干水分。

3 将空心菜切成约1厘米的小段，放入盘中，调入盐和鸡精拌匀，将虾皮放在最上面。

4 锅内放入油，调至小火，放入花椒、姜片、葱段，炸出香味。

5 将油锅里的调料挑出来，将热油浇在虾皮上并拌匀，撒葱段点缀即可。

🍚 配餐

主料

小米100克

1 小米淘洗干净。

2 放入锅内，加入2升水，大火烧开后转小火，熬煮40分钟即可。

烹饪秘籍

市面上的虾皮分为淡干虾皮和咸干虾皮两种，给宝宝吃的时候最好选择淡干虾皮，不含多余盐分，不用担心孩子摄入过多的盐，对肾脏造成负担。

一盘家常的虾皮拌空心菜，一碗热乎乎的小米粥，就组成了一顿朴实却充满爱意的早餐。吃完热乎的饭菜就能愉快地上学去了，美好的一天就这样开始啦！

健康又美味

黑椒烤土豆
+ 凉拌莴笋丝

⏱ 50 分钟 +35 分钟　☐ 简单

主料

土豆2个（约300克）

辅料

油2茶匙，黑胡椒粉2茶匙，黑胡椒碎1茶匙，盐2克

做法

1 土豆洗净、去皮，切成不规则的滚刀块。

2 将切好的土豆块放入清水中浸泡20分钟，捞出，用厨房纸擦干水分。

3 将土豆块放入盆中，加入油、黑胡椒粉、黑胡椒碎和盐，用筷子拌匀。

4 烤盘中铺上锡纸，将拌好的土豆块均匀码放在烤盘上。

5 烤箱提前预热，烤盘放入烤箱中层，220℃上下火烤25分钟即可。

 配餐

主料	辅料
莴笋150克	盐1克，醋1茶匙，香油少许

1 莴笋洗净，削皮后放入清水中浸泡30分钟。

2 将泡好的莴笋切成细丝，调入盐、醋拌匀。

3 装盘后淋入香油即可。

烹饪秘籍

每年新土豆上市时，会有部分不法商贩将陈土豆通过水洗、浸泡、熏制等方法来冒充新土豆。在选购时要仔细分辨：新土豆上的孔较浅，陈土豆上的孔较深；新土豆含水量比较大，用指甲掐一下会有汁水流出，而陈土豆掐起来较硬，没有弹性。

土豆是家家都常备的耐储存蔬菜。在发愁不知给孩子准备什么餐食的时候，可以试试最简单的烤土豆。烤出来的土豆不仅低脂，还能提供足够的能量，何乐而不为呢？

素菜也有春天

彩椒杏鲍菇 + 红枣米糊

🕐 20 分钟 +30 分钟　🖐 简单

主料

杏鲍菇200克，青椒半个（约80克），红椒半个（约80克）

辅料

油1汤匙，蚝油2茶匙，酱油1茶匙，盐2克，葱花2克，蒜末2克

营养贴士

彩椒富含维生素A、B族维生素、维生素C及多种矿物质，特别是维生素的综合含量远高于其他蔬菜。

做法

1 杏鲍菇洗净后用手撕成细丝；青红椒洗净，去子，切成细丝。

2 锅内加入水，烧开后下入杏鲍菇丝，焯半分钟后捞出，沥干水分。

3 锅内倒入油，烧至五成热，下入葱花、蒜末爆香，下入青红椒丝，翻炒至软。

4 倒入杏鲍菇丝，拌炒均匀，加入酱油和蚝油，烧至汤汁收干，加入盐调味，点缀葱花即可。

🍱 配餐

主料

大米50克，黑米50克，干红枣片50克

1 大米、黑米分别洗净，倒入破壁机，放入红枣片。

2 加入700毫升水，开启破壁机"米糊"功能，打成均匀的米糊即可。

烹饪秘籍

彩椒虽然美味，但不易保存。可以先把彩椒的蒂剪去一部分，然后在切口处封上蜡，再装入保鲜袋，放入冰箱冷藏，即可长时间保持彩椒的爽脆口感。

低脂的杏鲍菇遇上富含膳食纤维的彩椒，丰富的颜色更能吸引孩子的注意，搭配传统的中式养生米糊，是宝宝最爱的营养餐。

细滑爽口

「双耳炒丝瓜
五谷豆浆

⏱ 15分钟 +30分钟　🍴 简单

主料

丝瓜200克，干木耳5克，干银耳10克

辅料

油1汤匙，葱花2克，蒜末2克，盐1克，淀粉2茶匙

营养贴士

丝瓜富含B族维生素和维生素C，有利于宝宝大脑发育，并可预防维生素C缺乏症。

做法

1 木耳、银耳提前泡发、洗净，用手撕成小朵。

2 丝瓜洗净后去皮，切成滚刀块。

3 锅里加入油，烧至七成热，倒入葱花、蒜末炒香，倒入丝瓜翻炒1分钟。

4 再倒入木耳和银耳，翻炒均匀，调至小火，盖上锅盖，焖1分钟。

5 淀粉加入少许水调成水淀粉，倒入锅内，翻炒均匀，加入盐调味，点缀葱花即可。

🥣 配餐

主料

黄豆20克，大米10克，小米10克，燕麦仁10克，玉米糁10克

1 所有原料分别洗净，放入破壁机。

2 加入800毫升水，开启"豆浆"模式，煮成细腻的豆浆。

烹饪秘籍

丝瓜在烹饪前最好先尝一下，如果有苦味，说明丝瓜已经变质，不能再食用，如果误食会导致肠胃不适，对神经系统有一定的损害。

银耳和木耳这对好兄弟这次又交上了丝瓜这个好朋友，三种颜色、三种口感的食材组合在一起，既是对视觉的冲击也是对味蕾的满足。

吃完还要舔舔手

茄汁排骨
水果拼盘

⏱ 40分钟 +10分钟　🍴 简单

主料

猪小排250克，番茄1个（约150克）

辅料

油2汤匙，葱段5克，姜片10克，蒜片5克，冰糖10克，番茄酱20克，醋5毫升，盐1克，鸡精2克，小葱段少许

做法

1 排骨洗去血水，放入沸水中焯1分钟，捞出，沥干水分。

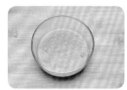

2 番茄洗净，去皮，切成大块，放入料理机，打成均匀的番茄汁。

3 锅内倒入油，烧至七成热，倒入排骨，用小火炸至两面微黄，放入姜片、蒜片、葱段翻炒。

4 倒入番茄汁，加入番茄酱，再添加没过排骨的水，大火煮开后用小火炖煮20分钟。

5 加入冰糖、醋、鸡精、盐，大火收汁后盛出，撒上小葱段点缀即可。

🍱 配餐

主料

香蕉半根（约70克），猕猴桃1个（约80克），蓝莓1颗

1 香蕉去皮后切片，猕猴桃去皮后切片。

2 先将猕猴桃片交错摆成圆形，再将香蕉片摆在猕猴桃上，中心点缀上一颗蓝莓即可。

烹饪秘籍

在挑选排骨时，要选择颜色粉红、肉质紧实、表面湿润但不粘手，按压后能快速回弹，闻起来略带腥味没有异味的，这样的排骨比较新鲜。

小孩子一般都喜欢甜食，这款茄汁排骨用番茄酱和冰糖做甜味剂，在增加甜度的同时也增加了色泽，宝宝一定对这样的美食无力招架。

来自新疆的味道

孜然羊肉 + 红豆米饭

⏱ 40分钟 +40分钟　☐ 简单

主料

羊里脊肉200克，白洋葱半个（约100克），青椒半个（约80克）

辅料

油3汤匙，料酒1汤匙，胡椒粉1克，生抽1茶匙，白砂糖1茶匙，淀粉2茶匙，孜然粉1汤匙，盐2克，蛋清1个，蒜末1克，葱花2克，香菜适量

做法

1 羊里脊肉洗净，擦干水分，切成薄片；洋葱洗净，去皮，切丝；青椒洗净，去子，切丝；香菜洗净后切段待用。

2 将料酒、胡椒粉、生抽、蛋清、淀粉加入羊肉片中，用手抓匀，腌制30分钟。

3 锅内放入油，烧至七成热，放入羊肉，大火煸炒至羊肉变色，盛出待用。

4 在锅内留少许油，下入蒜末、葱花爆香，下入洋葱丝和青椒丝，炒至变软。

5 加入孜然粉，用小火炒出香味后倒入羊肉。

6 加入盐和白糖，大火翻炒均匀，再加入香菜炒匀，最后点缀香菜段即可。

 配餐

主料

红豆20克，大米80克

1 红豆提前浸泡8小时以上，淘洗干净。

2 大米洗净后放入电饭锅，加入红豆，倒入没过红豆及大米约1厘米的水，开启电饭锅，把饭蒸熟即可。

烹饪秘籍

1 切羊肉时，应垂直于羊肉的纹理切，这样可以保证切出来的羊肉口感最嫩。
2 炒羊肉时锅里的油一定要多一些，才能快速炒熟羊肉，保证羊肉的口感。

提起羊肉，脑海中第一个浮现的就是新疆的羊肉串。当洋葱和羊肉组合在一起，整个家里都会弥漫着浓浓的香气，再加上孜然的助攻，一道充满新疆风情的孜然羊肉就出锅啦！

浓香软糯

「香菇鸭肝
+
└酸奶苹果

⏱ 30分钟 +5分钟　　🍲 简单

主料

鸭肝250克，鲜香菇60克

辅料

酱油1汤匙，白砂糖1茶匙，料酒1茶匙，蚝油1茶匙，葱段5克，姜片4片，葱花少许

营养贴士

作为一种极易获取的动物内脏，鸭肝中富含维生素A和维生素B_2，除了维持人体的生长发育外，还能够保护皮肤、促进骨骼生长、预防夜盲症。

做法

1 鸭肝洗净，放入沸水中焯烫半分钟，捞出。

2 将鸭肝切块；香菇洗净，每个切成4块。

3 锅烧热，下入白砂糖炒化，加入酱油、蚝油，再加入香菇块炒至香菇变软。

4 下入鸭肝、葱段、姜片、料酒，再加入2汤匙水，小火炖10分钟，点缀葱花即可。

🍴 配餐

主料

苹果1个（约150克），酸奶200毫升

1 苹果洗净后削皮，将果肉切成小块。

2 将酸奶淋在苹果块上即可。

烹饪秘籍

挑选新鲜香菇时，要选择菌盖圆润完整、肉质肥厚、厚度一致的，背面的白色菌褶整齐无破损，菌柄粗短新鲜，大小均匀，闻起来有淡淡香味的。

动物内脏虽然是优质的补铁食材，但仍有不可避免的腥味，而拥有独特香味的香菇却能很好地解决这个问题。两种看似简单的食材，搭配在一起，就有了化腐朽为神奇的力量。

补锌补钙又补铁

坚果牛柳
＋ 蔬菜沙拉

🕐 25分钟 +5分钟　　🍴 简单

主料

牛里脊肉200克，混合坚果50克

辅料

油2汤匙，料酒1汤匙，葱花5克，姜末2克，盐1克，小葱段少许

> **营养贴士**
>
> 牛肉和坚果提供了一餐所必需的脂肪和蛋白质，但维生素和膳食纤维不足，所以在配餐的搭配上，应尽量选择当季的新鲜蔬果来均衡营养。

做法

1 牛肉洗净后切成条，加入料酒、盐腌制15分钟。

2 锅内放入油，烧至五成热，放入葱花、姜末炒出香味。

3 下入牛肉条，大火炒至牛柳变色。

4 下入坚果，翻炒均匀，撒小葱段即可。

🍱 配餐

主料

乳瓜1个（约50克），即食玉米粒50克，胡萝卜50克

辅料

沙拉酱适量

1 胡萝卜洗净后切丁，放入沸水中焯烫1分钟，捞出，沥干水分。

2 乳瓜洗净后切丁，加入煮好的胡萝卜丁和玉米粒，挤上沙拉酱即可。

烹饪秘籍

新鲜的牛肉红色均匀且富有光泽，肉里的脂肪呈白色或淡黄色，肉质表面微干、不粘手且有弹性，有明显的鲜肉味。

牛肉和坚果，一个柔软一个坚硬，让这道菜有了两种口感。在补充营养的同时，也可以适时锻炼宝宝使用筷子了，小小的坚果粒就是非常好的训练工具呢。

板栗牛腩 + 雪梨汁

⏱ 60 分钟 +5 分钟　　🍴 简单

主料

牛腩250克，板栗100克

辅料

油2汤匙，葱段5克，姜片4片，料酒2汤匙，白砂糖2茶匙，酱油2茶匙，盐2克

营养贴士

板栗的主要成分为糖和淀粉，还富含蛋白质、不饱和脂肪酸和维生素。虽然口感软糯，但对于儿童来说并不是太容易消化，所以小·朋友每日的食用量不宜过多，以免引起消化不良。

做法

1 牛腩洗净，切块，放入料酒、葱段、姜片拌匀，腌制15分钟。

2 板栗去壳，放入沸水中煮5分钟，捞出沥干水分。

3 锅内倒入油，烧至五成热，倒入腌好的牛腩，翻炒至牛腩变色。

4 倒入板栗，跟牛腩翻炒均匀，加入没过板栗和牛腩的水，大火烧开，调小火炖煮30分钟。

5 调入酱油、白砂糖、盐，大火收干汁水，最后点缀葱段即可。

🍽 配餐

主料

雪梨1个（约170克），柠檬1/4个（约20克）

1 雪梨洗净，去皮，去核，切成小丁；柠檬洗净，去皮，去核，切成小块。

2 将切好的雪梨丁和柠檬块放入破壁机，加入约250毫升凉开水，打成均匀的果汁即可。

烹饪秘籍

生栗子去皮的方法：用刀或剪刀在栗子壳上划出十字，将板栗放入锅内，加入没过板栗的水，再放入少许盐，盖上锅盖煮5分钟，然后趁热剥皮即可。

寒冷的冬天里，一颗颗剥开板栗，那种满足感一直留在记忆深处。把板栗做进菜里，也是一个母亲对孩子最朴实的爱。让宝宝吃好、吃饱，大概是每个妈妈最简单的愿望。

黑椒芦笋鸡丝 + 红薯米饭

⏱ 30分钟 +40分钟　🍴 简单

主料

芦笋200克，鸡胸肉100克，干木耳5克

辅料

油2汤匙，盐少许，黑胡椒粉1克，淀粉10克，蛋清20克，葱花1克，蒜片1克，姜末1克，葱丝少许

做法

1　鸡胸肉切成细丝，加入蛋清、淀粉、黑胡椒粉拌匀，腌制15分钟。

2　干木耳泡发，洗净，去除杂质，用手撕成小块。

3　芦笋洗净，去除老根，斜切成段。

4　将芦笋放入沸水中，焯水30秒后捞出，并立即浸泡在冷水中，保证芦笋的爽脆口感。

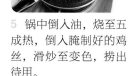

5　锅中倒入油，烧至五成热，倒入腌制好的鸡丝，滑炒至变色，捞出待用。

6　利用锅中的剩油将葱花、蒜片、姜末爆香。

7　倒入芦笋段和木耳翻炒均匀。

8　倒入鸡丝，继续翻炒1分钟，调入盐后出锅，点缀葱丝即可。

🍱 配餐

主料

大米150克，红薯100克

1　红薯洗净后去皮，切成2厘米左右的小块。

2　大米淘洗净后放入电饭锅，加入没过米约1厘米的水。

3　将红薯块铺在米上，启动电饭锅，把饭蒸熟即可。

芦笋是春天的应季蔬菜，爽脆的口感和鲜艳的颜色都能很好地增进食欲，搭配木耳和鸡胸肉，让色彩更加丰富，口感上也有了层次。

啃呀啃呀啃

糖醋鸡翅根
+
坚果窜桃片

⏱ 30分钟 +5分钟　🍴 简单

主料

鸡翅根10个（约250克）

辅料

油2汤匙，料酒1汤匙，胡椒粉1茶匙，盐1克，生抽1茶匙，番茄酱4汤匙，白砂糖1汤匙，醋3汤匙，姜片4片，葱段5克，白芝麻少许

做法

1 鸡翅根洗净，擦干水分，加入料酒、胡椒粉、盐、生抽、姜片、葱段拌匀。

2 将鸡翅根和调料一同放入密封袋，挤出空气，封上口，用手在袋子外面揉5~10分钟，放入冰箱冷藏过夜或者冷藏4小时以上。

3 锅内加入油，烧至五成热，放入腌好的鸡翅根，用小火煎至外表微黄。

4 将番茄酱、白砂糖、醋混合，加入2汤匙水，调成均匀的酱汁，倒入锅内。

5 大火煮开后，调小火炖20分钟，收干汁水。

6 盛出装盘后撒上白芝麻点缀即可。

配餐

主料

脆桃半个（约120克），混合坚果5克

1 桃子洗净，对半切开，剔除核，削皮后切成小丁。

2 混合坚果用刀切碎，撒在切好的桃子丁上即可。

烹饪秘籍

番茄酱跟番茄沙司有区别，番茄酱是番茄的浓缩制品，不含调味料，一般不直接食用，而是作为原材料需要经过烹饪并调味后才食用；而番茄沙司是以番茄酱为原料，添加了糖、盐等调味剂后制成的酸甜汁，可以直接食用。

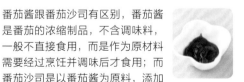

鸡翅根像缩小版的鸡腿，更方便孩子抓握，每根的重量也更符合学龄前儿童的食量，孩子们可以轻松地拿着鸡翅根啃起来，不用担心吃相是否狼狈，只管大快朵颐，过足瘾！

卷起来的幸福滋味

鸡腿黑米卷
草莓火龙果汁

⏲ 70分钟 +5分钟　🍴 简单

主料

鸡腿2个（约240克），黑米50克，大米50克

辅料

蚝油1汤匙，淀粉1汤匙，胡椒粉1茶匙，盐2克，葱花少许

做法

1 黑米、大米分别淘洗净，放入电饭锅，加入没过米约1厘米的水，蒸成米饭，冷却待用。

2 鸡腿洗净后去骨，用肉锤将肉打成饼状，均匀抹上蚝油、盐、胡椒粉、淀粉，腌制15分钟。

3 取适量蒸好的米饭，铺在腌好的鸡腿肉上，从一头卷起，卷成卷。

4 用棉线将肉卷捆起来并扎紧。

5 放入烧开的蒸锅内，小火蒸20分钟。

6 蒸好后取出，拆掉棉线，切片装盘，撒少许葱花点缀即可。

🍽 配餐

主料

火龙果半个（约200克），草莓100克

1 火龙果、草莓分别洗净；火龙果去皮后切块，草莓去蒂后切小块。

2 将火龙果、草莓放入榨汁机，加入100毫升凉开水，打成均匀的果汁即可。

烹饪秘籍

做这道菜时尽量选择大的鸡腿，这样剔下来的鸡肉面积比较大，卷起来会更容易。

用鸡腿来卷米饭？这是一道有些颠覆传统的菜肴。米饭被卷进腌制好的鸡腿肉中，在蒸锅的热气作用下，鸡肉的香味会悄悄融入米饭中，当切开来的一瞬间，普通的米饭便完成了一次华丽的转身。

踏青小便当

藜麦金枪鱼饭团
+ 苹果橙汁

🕘 90分钟 🍴 简单

主料

大米75克，三色藜麦75克，水浸金枪鱼罐头100克

营养贴士

藜麦被古印加人称为"粮食之母"，富含人体所需的多种营养素。常见的藜麦有白、黑、红等颜色，营养成分差别不大，口感以白色的最好，但三色藜麦混合起来在色彩上会更好看一些。

做法

1 大米、三色藜麦洗净后混合，放入电饭锅内。

2 在电饭锅中加入没过米约1厘米的水，开启电饭锅，将米蒸熟。

3 将蒸熟的米饭用饭铲拌匀，冷却至温热不烫手的状态。

4 取1/4量的米饭放在保鲜膜上，用手掌按压成圆形。

5 取25克金枪鱼罐头，放在米饭中心。

6 用米饭包住金枪鱼，小心地团成圆形。

7 饭团团好后，用保鲜膜包好，将保鲜膜收口，顺着一个方向拧紧，在室温下定形15分钟后，剥去保鲜膜即可。

配餐

主料

苹果1个，脐橙半个

1 苹果洗净，去皮，去核，切成1.5厘米左右的小块。

2 脐橙剥皮，取半个，切成小块。

3 将苹果和脐橙放入料理机，加入约100毫升纯净水，搅拌成果汁。

烹饪秘籍

常见的金枪鱼罐头有水浸和油浸的两种，区别在于油浸的金枪鱼鱼肉可以锁住更多的水分，在制作比萨等烧烤类食物时不至于被烤干，而水浸金枪鱼的鱼肉口感更清爽，不油腻，适合制作饭团、三明治等的内馅。

金枪鱼的肉质紧实、细腻、腥味小，特别适合不爱吃鱼的挑食宝宝。做成饭团的形状，码放在可爱的便当盒里，再搭配上鲜艳的水果，一份爱心满满的便当就做好了！

来自深海的馈赠

西芹三文鱼意面
+ 牛油果奶昔

⏱ 20分钟 +5分钟　　🍽 简单

主料

意面100克，三文鱼150克，西芹100克

辅料

黄油10克，黑胡椒碎1茶匙，蒜末5克，盐6克，橄榄油5毫升

营养贴士

牛油果的营养价值很高，不仅含有丰富的脂肪和蛋白质，还富含维生素及钠、钾、镁、钙等矿物质，且含糖量很低，是一种非常健康的水果。

做法

1 将长意面一分为二；锅内加入足量的水，烧开后加入橄榄油、盐，下入意面，煮8分钟后捞出待用。

2 三文鱼洗净后切成丝；西芹择去叶子，洗净后切成段。

3 炒锅加热，放入黄油，融化后下入蒜末，炒出香味。

4 下入三文鱼丝，炒至变色后下入西芹，翻炒均匀。

5 倒入煮好的意面，加入黑胡椒碎、盐，翻炒均匀即可。

🍱 配餐

主料

牛油果半个（约70克），酸奶250毫升

1 牛油果洗净，对半切开，去核，用勺子挖出果肉。

2 将牛油果切丁，放入破壁机，倒入酸奶，打成均匀的奶昔即可。

烹饪秘籍

西芹的挑选原则：整棵形状整齐，没有老梗及黄叶，叶柄肥厚且没有锈斑和虫伤，颜色鲜绿有光泽。

西芹和三文鱼，看起来是风马牛不相及的食材，但在巧手妈妈的厨房里却存在着万般可能。把西式的意面用中式的烹调方式做出来，这就是所谓的中西合璧吧！

香喷喷的海鲜饭

海鲜盖浇饭
绿豆汤

⏱ 30分钟 +30分钟 简单

主料

虾仁30克，鱿鱼30克，干贝30克，米饭200克，胡萝卜30克，青豆30克，蛋清1个

辅料

油2汤匙，胡椒粉2克，淀粉2汤匙，盐2克，生抽2茶匙，白砂糖1茶匙，葱末5克

做法

1 鱿鱼、虾仁解冻，分别除去黑色外膜、挑去虾线；干贝提前用温水泡发，洗净。

2 鱿鱼切丁，和虾仁、干贝放入碗内，加入胡椒粉、1汤匙淀粉、蛋清拌匀，腌10分钟。

3 胡萝卜洗净后切丁待用；青豆放入沸水中煮5分钟，捞出沥干水分。

4 锅内放油，放入葱末爆香，加入胡萝卜丁和青豆，翻炒均匀，加入鱿鱼丁、虾仁、干贝，翻炒至变色。

5 将生抽、白砂糖、盐和1汤匙淀粉混合，加入50毫升清水，混合成均匀的料汁。

6 将料汁倒入锅内，大火收干至一半后盛出，浇在米饭上即可，最后点缀葱末。

♨ 配餐

主料

绿豆80克

1 绿豆洗净，用清水浸泡2小时。

2 将泡好的绿豆放入锅内，加入10倍于绿豆的清水，大火煮开后转小火，煮30分钟至绿豆全部开花即可。

烹饪秘籍

在挑选干贝时，要选择形状完整、为短圆柱形、颜色淡黄、肉质结实的，不要选择颜色发黑或者发白的。

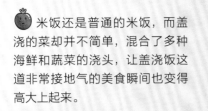米饭还是普通的米饭，而盖浇的菜却并不简单，混合了多种海鲜和蔬菜的浇头，让盖浇饭这道非常接地气的美食瞬间也变得高大上起来。

五彩的包子，
五色的心情

五彩小笼包
薏米粥

⏱ 100分钟 +60分钟　🔳 高级

主料

面粉250克，菠菜汁25毫升，胡萝卜汁30毫升，玉米汁30毫升，红心火龙果汁30毫升，水25毫升，猪肉末200克，虾仁150克

辅料

酱油1汤匙，盐2克，香油1汤匙，料酒1汤匙，葱花5克，酵母粉5克，白砂糖5克

做法

1 将面粉、酵母粉、白砂糖分成五等份，跟五种颜色的液体混合，并揉成五色面团，盖上盖子，室温下发酵1小时。

2 虾仁洗净，挑去虾线，剁成泥，跟猪肉末混合，加入葱花、料酒、酱油、盐、香油，顺着一个方向搅拌成肉馅。

3 将发酵好的面团按压排气，搓成长条，每种颜色切分成三四个剂子。

4 将面剂子擀成合适大小的面皮，放入适量肉馅。

5 顺着一个方向旋转地捏出包子褶，捏紧收口。

6 将包好的包子放入加了冷水的蒸锅内，盖上锅盖，静置20分钟。

7 大火烧开，调小火蒸15分钟后关火，继续闷3~5分钟再揭盖，取出包子即可。

🍱 配餐

主料

大米100克，薏米30克

1 薏米、大米分别洗净，将薏米放入清水中浸泡1小时以上。

2 锅里放入足量的水，水开后放入薏米，煮20分钟后下入大米，调至小火，继续煮40分钟即可。

烹饪秘籍

果蔬汁尽量现用现榨，可以有效防止氧化，减少营养流失。如果单纯的蔬菜不好榨汁，可以添加适量水再榨汁。

用不同颜色的果蔬汁来调和面团，面团也就变成了五彩的颜色。这样缤纷漂亮的包子躺在蒸笼里，圆滚滚、胖乎乎，看上去可爱极了，谁能拒绝这样的美味呢？

一口一个

蛤蜊蒸饺 + 玉米糁粥

⏱ 50分钟 +40分钟 🍽 简单

主料

猪肉末200克，蛤蜊干100克，面粉200克

辅料

葱花10克，姜末5克，料酒2汤匙，香油2茶匙，盐2克

做法

1 将150毫升沸水缓慢倒入面粉，边倒边用筷子搅拌，充分混合后揉成光滑的面团，在室温下静置松弛20分钟。

2 蛤蜊干提前泡发，并冲洗掉泥沙，沥干水分，剁碎成末。

3 将蛤蜊末加入猪肉末，调入葱花、姜末、料酒、盐、香油，搅拌均匀成馅料。

4 将松弛好的烫面团搓成长条，切分成每个20克的面剂子。

5 将面剂子擀平成面片，放上适量肉馅。

6 将面片对折捏紧，再从两边向中间依次捏紧并捏出褶子。

7 将做好的蒸饺放入烧开的蒸锅内，大火蒸10分钟即可。

🍱 配餐

主料

玉米糁100克

1 玉米糁淘洗干净，放入锅内，加入约1升水。

2 大火烧开，转小火熬煮30~40分钟即可。

烹饪秘籍

蒸饺的形状没有固定的模式，新手尝试的时候做出半圆形即可，如果操作比较熟练了，可以试着做成三角形、四角形、枕头形等。

热腾腾的玉米粥配上刚出锅的蒸饺，一定会勾起孩子肚子里的小馋虫。简单几步，一顿营养健康又美味的儿童餐就大功告成啦！

意式风情

浓汤蝴蝶面
＋ 香烤杏鲍菇

⏱ 40分钟 +20分钟　　🍴 简单

主料

蝴蝶意面100克，紫洋葱半个（约50克），番茄2个（约300克）

辅料

番茄酱2汤匙，黑胡椒粉1茶匙，白砂糖1汤匙，盐3克，橄榄油1茶匙，黄油10克

做法

1 锅内放入足量的水，烧开后加入橄榄油和2克盐，放入意面，煮8分钟后捞出，沥干水分待用。

2 番茄洗净后去皮，切成小丁；洋葱剥去外表干皮，洗净后切成小丁。

3 锅内放入黄油，融化后倒入洋葱丁，炒至洋葱变软，炒出香味。

4 倒入番茄丁，炒出汁水后加入白砂糖、黑胡椒粉、适量水，翻炒均匀，调至小火，煮20分钟。

5 加入番茄酱、盐，翻炒均匀后盛出，浇在意面上即可，可以点缀薄荷叶。

🍽 配餐

主料

杏鲍菇1个（约200克）

辅料

黑胡椒碎适量，盐适量，油2茶匙

1 杏鲍菇洗净后切成两段，再切成约5毫米厚的片。

2 烤盘铺上锡纸，用毛刷在杏鲍菇两面均匀刷上油，码放在烤盘上，均匀撒上盐和黑胡椒碎。

3 放入预热好的烤箱，200℃烤15分钟即可。

烹饪秘籍

蝴蝶意面的中心部位比较厚，如果担心孩子不好消化，可以在煮面的时候酌情延长一两分钟。

用番茄、洋葱烧成的红酱，搭配可爱的蝴蝶面，这是孩子最易接受的西餐，而且做起来也非常简便，每个妈妈都可以动手试试。

家乡的味道

八宝拌面 + 胡萝卜苹果汁

⊙ 50分钟 +10分钟　☐ 简单

主料

五花肉50克，干香菇10克，胡萝卜60克，土豆60克，莴笋60克，莲藕60克，干木耳5克，熟花生仁20克，面条100克

辅料

油2汤匙，料酒1汤匙，葱花5克，蒜末5克，姜末5克，酱油1汤匙，盐2克

营养贴士

胡萝卜富含胡萝卜素，但单独榨成果汁的味道有部分小朋友不喜欢，加入苹果后，不仅补充了柠檬酸、苹果酸、钙、铁、果胶等多种营养素，也改善了口感，令孩子更易于接受。

做法

1 五花肉洗净后切丁，加入料酒，腌制15分钟。

2 香菇、木耳提前泡发，洗净并切成小丁。

3 胡萝卜、土豆、莴笋、莲藕洗净后去皮，切成小丁；花生仁切碎待用。

4 锅内放入油，烧至五成热，放入葱花、蒜末、姜末爆香，加入五花肉丁炒至变色、炒出香味。

5 加入除了花生仁以外的所有配菜，炒匀，加入酱油，倒入约250毫升水，烧开后调小火，炖煮20分钟。

6 加入盐、花生碎，拌匀后关火。

7 锅里加入足量的水，烧开后下入面条，将面条煮熟后盛出。

8 将烧好的八宝臊子浇在面条上，拌匀，点缀葱花即可。

🥛 配餐

主料

苹果1个（约200克），胡萝卜半根（约60克）

1 苹果洗净，去皮，去核，切成小丁；胡萝卜洗净，去皮，切成小丁。

2 将苹果丁和胡萝卜丁放入破壁机，加入100毫升凉开水，打成均匀的果汁即可。

烹饪秘籍

八宝臊子在选材上没有固定的要求，可以根据时令自由搭配，尽量挑选口感爽脆、颜色有区别的蔬菜就可以了。

这是一道很有西北特色的面食，蔬菜丁和肉丁交织在味道浓郁的臊子里，搭配筋道的面条，吃起来唇齿留香，回味无穷，根本就不用担心孩子会挑食。

啊呜一口吃掉你

肉松寿司
+ 香蕉牛奶汁

⏱ 20分钟 +10分钟　☐ 简单

主料

海苔2片，米饭400克，胡萝卜50克，黄瓜50克，肉松60克

辅料

沙拉酱适量

做法

1　胡萝卜、黄瓜洗净后切细丝。

2　取一张海苔，将米饭均匀铺在海苔上。

3　再依次铺上胡萝卜丝和黄瓜丝。

4　挤上沙拉酱，再铺上肉松。

5　从一端将海苔卷起，卷紧成卷。

6　将寿司卷切片装盘即可。

🥤 配餐

主料

香蕉1根（约150克），牛奶200毫升

1　香蕉去皮后切片。

2　将牛奶倒入料理机，加入香蕉片，打成均匀的香蕉牛奶汁即可。

烹饪秘籍

1 在挑选寿司海苔时，要选择颜色墨绿且富有光泽，质地紧密没有空洞，口感酥脆但仍有韧性的。
2 寿司海苔极易受潮，要密封保存在干燥的环境中，如果海苔已经受潮，可以放入烤箱，低温烘烤几分钟。

将蒸熟的米饭铺在酥脆的海苔片上，随意放上孩子喜欢的食材，轻轻卷起，一个完美的寿司就做好啦！孩子们一口一个，吃起来别提有多开心了。

五彩丝煎饼卷 + 紫菜蛋花汤

⏱ 50分钟 +10分钟　　😋 中等

主料

面粉150克，鸡蛋1个，土豆半个（约100克），胡萝卜半根（约100克），黄瓜半根（约120克），绿豆芽150克，生菜适量

辅料

葱花适量，盐2克，黑芝麻1汤匙，油适量，醋2茶匙

营养贴士

紫菜富含在陆生植物中几乎不存在的维生素B₁₂。维生素B₁₂有活跃脑神经、提高记忆力的功效。

做法

1 面粉里加入盐、打散的蛋液，略微拌匀。

2 缓慢加入水，边加边搅拌，将面粉调至用勺子舀起可连续滴落的稀糊状，再加入黑芝麻、葱花拌匀。

3 平底锅内抹上一层薄油，舀入一勺面糊，抬起锅把面糊摇匀以布满整个锅底。

4 盖上锅盖，用小火煎半分钟后翻面，直到两面煎至微黄。

5 土豆、胡萝卜洗净，削皮，切成细丝；绿豆芽洗净；生菜洗净，用厨房纸擦干水分待用。

6 炒锅内加入1汤匙油，烧至五成热，依次下入胡萝卜丝、土豆丝、黄瓜丝和绿豆芽，煸炒至软后调入盐、醋，盛出。

7 取一张摊好的煎饼，铺上生菜，码放上炒好的蔬菜丝。

8 从一头卷起即可。

🍲 配餐

主料

鸡蛋1个，紫菜10克，虾皮5克

1 鸡蛋磕入碗中，用筷子打散成均匀的蛋液。

2 锅里加入500毫升水，烧至接近沸腾时，沿着锅边缓慢倒入蛋液并轻轻搅拌。

3 调至小火，将紫菜撕碎，下入锅内，并下入虾皮，搅拌均匀即可。

烹饪秘籍

制作煎饼面糊时，可以先在面粉里加入少许水，搅拌至没有干粉状态后再继续加水，这样可以避免一次性加入大量水后出现面疙瘩的情况，并且在搅拌时应顺着一个方向搅拌。

煎饼是大家喜闻乐见的主食，轻薄软糯的煎饼搭配营养丰富的蔬菜丝，配上热腾腾的蛋汤，一顿看似简单却丰盛无比的早餐就做好啦！

弹牙的小鱼丸

鱼丸豆腐汤
香脆吐司条

⏱ 30分钟 +10分钟　🍽 简单

主料

鲅鱼200克，南豆腐100克

辅料

葱5克，姜5克，胡椒粉1茶匙，料酒1汤匙，淀粉2汤匙，盐2克，香油2茶匙，香菜末适量

营养贴士

鲅鱼肉质细腻、味道鲜美，富含蛋白质、维生素A、钙等营养元素，可以作为日常饮食的优质蛋白质来源。

做法

1 鲅鱼去皮、剔骨后切成大块；葱、姜洗净后切小块；南豆腐洗净后切小块。

2 将鲅鱼、葱、姜放入破壁机，打成均匀的鱼肉泥。

3 在鱼肉泥中调入料酒、胡椒粉、盐、香油、淀粉，用筷子顺着一个方向搅拌至鱼肉泥上劲，呈现黏稠状态。

4 锅内加入足量的水，小火加热，不用煮沸。

5 用手取适量鱼肉泥，从虎口处挤出鱼丸下入锅中，所有鱼丸全部做好后，转中火。

6 待沸腾后，用勺子撇去浮沫，下入豆腐块，再煮1分钟。

7 盛出后撒上香菜点缀即可。

🍱 配餐

主料

吐司2片

1 吐司切去四边，切成长条。

2 放入预热好的烤箱，180℃烤10分钟即可。

烹饪秘籍

新鲜的鲅鱼鱼背处应泛着蓝色，鱼鳃颜色鲜红，鱼眼饱满有光泽，肉质结实紧致，鱼鳞完整不易脱落。

亲手制作的弹牙鱼丸配上洁白爽嫩的豆腐块，这是一道以白色为主的汤品，没有多余的点缀和搭配，却用鲜香细滑的口感征服了孩子挑食的嘴。

神奇的蛋卷

豆腐肉蛋卷
南瓜粥

⏱ 30分钟 +60分钟 　🍳 简单

主料

鸡蛋2个，猪肉末100克，南豆腐200克

辅料

淀粉3茶匙，香油1茶匙，盐2克，料酒2茶匙，油1汤匙，葱花适量，姜末适量

做法

1 豆腐洗净后切块，放入沸水中焯烫半分钟。

2 将焯好的豆腐放在纱布里，包好，拧好封口，挤出水分。

3 将猪肉末放入豆腐碎，加入2茶匙淀粉、香油、盐、料酒、葱花、姜末，用手抓匀。

4 鸡蛋磕入碗中打散；另取一碗，将1茶匙淀粉加2茶匙水调成水淀粉，加入蛋液中拌匀。

5 平底锅倒入油，小火烧至五成热，倒入一半蛋液，端着锅把将蛋液摇匀，布满整个锅底。

6 盖上锅盖，焖1分钟后小心翻面，将两面煎熟后盛出，用同样的方法将另一半蛋液也摊成蛋饼。

7 待蛋皮不烫手时，将调好的豆腐猪肉馅均匀铺在蛋皮上，从一端卷起并卷紧，将收口朝下放入盘中。

8 放入烧开的蒸锅内蒸15分钟，取出后切片装盘即可。

🍲 配餐

主料

小米70克，南瓜180克

1 南瓜洗净后去皮，切成小块；小米淘洗净。

2 小米放入锅内，加入1.5升水，大火烧开后煮30分钟。

3 下入南瓜块，再煮20分钟即可。

金黄的蛋皮裹上豆腐和猪肉，一口咬下去，鲜嫩多汁，细细品味，蛋皮的坚韧和豆腐的软糯互相呼应，带来了完全不同的口感。

豆皮包子
五香花生米

⏱ 50分钟 +20分钟　🍳 简单

主料

豆腐皮适量，鲜香菇50克，玉米粒80克，猪肉末200克，莲藕100克

辅料

葱花2克，姜末2克，料酒1汤匙，胡椒粉2克，盐2克，蚝油1汤匙，香油2茶匙，小葱适量

做法

1 香菇洗净，去根，切成块；莲藕洗净，去皮，切丁；玉米粒提前解冻，沥干水分。

2 将莲藕、香菇放入料理机打碎。

3 将莲藕碎、香菇碎、玉米粒加入猪肉末中，加入辅料中除了小葱以外的全部调味料，拌匀成馅料。

4 豆腐皮洗净，沥干水分，切成边长15厘米的正方形。

5 取一张切好的豆腐皮，铺上适量的馅料。

6 将四边向中间聚拢，用小葱扎紧成包子状。

7 放入烧开的蒸锅内，蒸20分钟即可。

🍱 配餐

主料

花生仁150克

辅料

八角1个，香叶1片，桂皮1小段，盐2克

1 花生仁洗净，放入锅内，加入300毫升水。

2 放入全部调料，大火煮开，调至小火继续煮20分钟，关火，盖上盖子闷2小时，入味后即可食用。

烹饪秘籍

新鲜的豆腐皮可以装入保鲜袋，放入冰箱冷藏室储存，保鲜温度为5~15℃，温度太低会把豆腐皮冻坏，太高则容易变质。

小时候看《红楼梦》，不怎么记得故事情节，但唯独对其中出现的美食一直难忘。长大后每一次重读全书，都想着复制其中的美味。如果你也有这样的想法，不妨从这道最易上手的豆皮包子开始吧！

健康的小点心

肉桂苹果烤燕麦
蜂蜜番茄

⏱ 40分钟 +10分钟　☐ 简单

主料

牛奶250毫升，即食燕麦片100克，鸡蛋2个，苹果1个（约200克）

辅料

肉桂粉半茶匙，南瓜子20克，葡萄干适量，椰蓉适量

营养贴士

蜂蜜富含果糖和葡萄糖，蔗糖占比很少，此外还含有多种维生素和微量元素。相比砂糖来说，蜂蜜所含营养成分更多，热量更低。

做法

1 苹果洗净，去皮后切成小丁。

2 将鸡蛋磕入牛奶，打散成均匀的蛋奶溶液。

3 加入燕麦片、苹果丁、南瓜子、肉桂粉，搅拌均匀。

4 倒入6连不粘蛋糕模具中，表面撒上椰蓉和葡萄干。

5 放入预热好的烤箱中层，180℃烤30分钟即可。

🍱 配餐

主料

番茄1个（约200克）

辅料

蜂蜜1汤匙，熟白芝麻适量

1 番茄洗净后去皮，对半切开，切除果蒂，切片后码放在盘中。

2 将蜂蜜淋在番茄上，撒上白芝麻即可。

烹饪秘籍

制作这道烤箱小点心的时候，要选用有不粘涂层的金属模具或者硅胶模具；如果没有，可以用小号的烤碗代替，用勺子挖着吃也是不错的。

肉桂和苹果是一对完美拍档，这样的搭配会出现在很多甜品中。复杂的甜品不太适合家庭制作，但其实只要换一个思路，改变一下制作方法，就可以在家尝到这份独特的美味。

吃出健康系列

图书在版编目（CIP）数据

萨巴厨房. 0~7岁聪明宝宝餐 / 萨巴蒂娜主编. —北京：
中国轻工业出版社，2019.8

ISBN 978-7-5184-2543-3

Ⅰ. ①萨… Ⅱ. ①萨… Ⅲ. ①婴幼儿—保健—食谱
Ⅳ. ① TS972.12 ② TS972.162

中国版本图书馆 CIP 数据核字（2019）第 125745 号

责任编辑：高惠京　　责任终审：张乃东　　整体设计：锋尚设计
策划编辑：龙志丹　　责任校对：李　靖　　责任监印：张京华

出版发行：中国轻工业出版社（北京东长安街6号，邮编：100740）

印　　刷：北京博海升彩色印刷有限公司

经　　销：各地新华书店

版　　次：2019年8月第1版第1次印刷

开　　本：710×1000　1/16　印张：12

字　　数：200千字

书　　号：ISBN 978-7-5184-2543-3　定价：49.80元

邮购电话：010-65241695

发行电话：010-85119835　传真：85113293

网　　址：http://www.chlip.com.cn

Email：club@chlip.com.cn

如发现图书残缺请与我社邮购联系调换

181224S1X101ZBW